W0263923

Halbleiter-Elektronik

Eine aktuelle Buchreihe
für Studierende und Ingenieure

Halbleiter-Bauelemente beherrschen heute einen großen Teil der Elektrotechnik. Dies äußert sich einerseits in der großen Vielfalt neuartiger Bauelemente und andererseits in den enormen Zuwachsraten der Herstellungsstückzahlen. Ihre besonderen physikalischen und funktionellen Eigenschaften haben komplexe elektronische Systeme z. B. in der Datenverarbeitung und der Nachrichtentechnik ermöglicht. Dieser Fortschritt konnte nur durch das Zusammenwirken physikalischer Grundlagenforschung und elektrotechnischer Entwicklung erreicht werden.

Um mit dieser Vielfalt erfolgreich arbeiten zu können und auch zukünftigen Anforderungen gewachsen zu sein, muß nicht nur der Entwickler von Bauelementen, sondern auch der Schaltungstechniker das breite Spektrum von physikalischen Grundlagenkenntnissen bis zu den durch die Anwendung geforderten Funktionscharakteristiken der Bauelemente beherrschen.

Dieser engen Verknüpfung zwischen physikalischer Wirkungsweise und elektrotechnischer Zielsetzung soll die Buchreihe „Halbleiter-Elektronik" Rechnung tragen. Sie beschreibt die Halbleiter-Bauelemente (Dioden, Transistoren, Thyristoren usw.) in ihrer physikalischen Wirkungsweise, in ihrer Herstellung und in ihren elektrotechnischen Daten.

Um der fortschreitenden Entwicklung am ehesten gerecht werden und den Lesern ein für Studium und Berufsarbeit brauchbares Instrument in die Hand geben zu können, wurde diese Buchreihe nach einem „Baukastenprinzip" konzipiert:

Die ersten beiden Bände sind als Einführung gedacht, wobei Band 1 die physikalischen Grundlagen der Halbleiter darbietet und die entsprechenden Begriffe definiert und erklärt. Band 2 behandelt die heute technisch bedeutsamen Halbleiterbauelemente in einfachster Form. Ergänzt werden diese beiden Bände durch die Bände 3 bis 5, die einerseits eine vertiefte Beschreibung der Bänderstruktur und der Transportphänomene in Halbleitern und andererseits eine Einführung in die technologischen Grundverfahren zur Herstellung dieser Halbleiter bieten. Alle diese Bände haben als Grundlage einsemestrige Grund- bzw. Ergänzungsvorlesungen an Technischen Universitäten.

Fortsetzung und Übersicht über die Reihe: 3. Umschlagseite

Halbleiter-Elektronik
Herausgegeben von W. Heywang und R. Müller
Band 5

Eberhard Spenke

pn-Übergänge

Ihre Physik in
Leistungsgleichrichtern und Thyristoren

Mit 98 Abbildungen

Springer-Verlag
Berlin · Heidelberg · New York 1979

Dr. EBERHARD SPENKE
Direktor i. R. der Siemens AG, Pretzfeld/Oberfranken

Dr. rer. nat. WALTER HEYWANG
Leiter der Zentralen Forschung und Entwicklung der Siemens AG,
München
Professor an der Technischen Universität München

Dr. techn. RUDOLF MÜLLER
Professor, Inhaber des Lehrstuhls für Technische Elektronik
der Technischen Universität München

CIP-Kurztitelaufnahme der Deutschen Bibliothek

Halbleiter-Elektronik
Hrsg. von W. Heywang u. R. Müller.-
Berlin, Heidelberg, New York : Springer.
NE: Heywang, Walter [Hrsg.]
Bd. 5 — Spenke, Eberhard: *pn*-Übergänge

Spenke, Eberhard:
pn-Übergänge: ihre Physik in Leistungsgleichrichtern u. Thyristoren / E. Spenke. —
Berlin, Heidelberg, New York: Springer 1979
(Halbleiter-Elektronik; Bd. 5)

ISBN 978-3-540-09270-4   ISBN 978-3-642-52200-0 (eBook)
DOI 10.1007/978-3-642-52200-0

Gesamtherstellung: Graph. Betrieb Konrad Triltsch, Würzburg
2362/3020—543210

Vorwort

Halbleiterbauelemente sind für technische Zwecke bestimmt. Zum Verständnis ihrer Wirkungsweise braucht man aber ein umfangreiches Arsenal physikalischer Begriffe und Tatbestände. Es ist also recht verständlich, daß die Anregung zu einer Vorlesung über Gleichrichter und Thyristoren aus einem Institut für angewandte Physik kam. Diese Vorlesung habe ich dann im Winter 1977/78 in Erlangen gehalten. Das vorliegende Buch ist aus dem Vorlesungstext entstanden.

Bereits die Herstellungsprozesse des Ausgangsmaterials, der Siliziumkristalle also, sind langwierig und kompliziert. Das gilt erst recht für die kompletten Bauelemente selbst, z. B. für Thyristoren. Ob es sich in einem konkreten Fall um eine echte physikalische Erscheinung oder „nur" um einen „Dreckeffekt" handelt, ist häufig mit vernünftigem Zeitaufwand kaum zu klären. Daß eine Ausbeute von 66% bei der Herstellung schon als recht gutes Ergebnis gilt, spricht eine deutliche Sprache. So ist es verständlich, daß bei der Fertigung der Thyristoren eine mehr-, oft sogar vieljährige Erfahrung der betreffenden Ingenieure und Physiker eine entscheidende Rolle spielt.

Bei der Entwicklung neuer Typen ist aber ein gutes Verständnis der physikalischen Grundlagen erforderlich. Zu einer solchen Vertrautheit mit den Grundbegriffen soll das vorliegende Buch führen. Über eine wirklich quantitative Erfassung der Prozesse in den Halbleiterbauelementen denke ich aber recht skeptisch. Deshalb liegt das Schwergewicht der folgenden Darstellung auf einer Klärung der Begriffe und auf einer möglichst anschaulichen Schilderung der Vorgänge. Wenn nun trotzdem in dem Buch viel gerechnet wird — wenn auch mit einer einfachen Mathematik —, so hoffe ich, daß der Leser doch nicht den Blick auf die eigentliche Physik verliert.

Herrn Professor Heywang und Herrn Professor Müller danke ich dafür, daß sie das Buch unter Abänderung einer ursprünglichen Konzeption in die von ihnen herausgegebene Reihe „Halbleiter-Elektronik" aufgenommen haben. Mein besonderer Dank gilt Herrn Dr. Helbig, Erlangen, der die erwähnte Vorlesung angeregt hat und mich in jeder Weise ermutigte. Eine vollständige Korrektur hat Herr Lothar Schmidt gelesen. Die Zusammenarbeit beim Entwurf der Zeichnungen mit den Herren der ZVW 214 war wie immer ein reines Vergnügen. Frau Nützel hat mit großer Geduld das Manuskript geschrieben. Dem Springer-Verlag danke ich für das Eingehen auf manche meiner Wünsche.

Pretzfeld, April 1979   Eberhard Spenke

Inhaltsverzeichnis

Bezeichnungen und Symbole

Gemäß DIN 1338 sind alle physikalischen Größen durch kursive Buchstaben gekennzeichnet. Abweichend von dieser Norm werden im vorliegenden Buch dimensionslose Maße solcher Größen durch gewöhnliche (senkrecht stehende) Buchstaben bezeichnet, um sie von den Größen selbst einfach aber deutlich unterscheiden zu können.

a	Konzentrationsgradient $\mathrm{d}n_A{-}/\mathrm{d}x$ der Störstellenkonzentration in einem flachen pn-Übergang
A	Gleichrichterfläche (Abschn. 9)
A^-	Symbol für negativ geladenen Akzeptor
B	$(\mu_n-u_p)/(\mu_n+u_p)$ Unsymmetriemaß der Beweglichkeiten
d_M	halbe Dicke des Mittelgebiets
d_M	dimensionsloses Maß für d_M (Gl. (12.5))
$\left.\begin{array}{c} d_n \\ d_p \end{array}\right\}$	Dicke der Bahngebiete (Abschn. 5 und 10)
d_R	Dicke eines Randgebietes R
D^+	Symbol für positiv geladenen Donator
D	Diffusionskonstante
D_n	Diffusionskonstante der Elektronen
D_p	Diffusionskonstante der Defektelektronen
e	Elektronenladung $(=1{,}6\cdot10^{-19}\,\mathrm{A\,s})$
e	Basis der Exponentialfunktion
E	Elektromotorische Kraft der Batterie in Abb. 18.3
E_{CV}	Breite des verbotenen Bandes
$\vec{E}$	Elektrische Feldstärke
$\mathrm{\vec{E}}$	dimensionsloses Maß für $\vec{E}$ (Gl. (12.9))
$\vec{E}_b$	Breakdown-Feldstärke $(\approx 2\cdot10^5\,\mathrm{V\,cm^{-1}}$ in Silizium$)$
$\vec{E}_r$	Der beim Punchthrough entstehende Feldstärkenanteil $\vec{E}_\mathrm{rechts}$ (Abb. 8.1)
$F(d_M/L)$	transzendente Funktion (Gl. (13.50))
g	Neuerzeugung (Paarerzeugung) pro Zeit- und Volumeneinheit
i	Symbol für Eigenleitung
i	Stromdichte (eindimensional)
i	dimensionsloses Maß für i (Gl. (4.9) bzw. (12.10))
i^*	dimensionsloses Maß für die Stromdichte (Gl. (14.25))
i_{Du}	Stromdichte in Durchlaßrichtung
i_M	Stromdichteanteil, der im Mittelgebiet M durch Rekombination versickert
i_M^*	dimensionsloses Maß für i_M (Gl. (14.32))
i_n	Dichte des von Elektronen getragenen Stromanteiles
$i_{nSp}>0$	Absolutbetrag des Elektronenanteils der Sperrstromdichte
i_{nSp}	dimensionsloses Maß für i_{nSp}
i_p	Dichte des von Defektelektronen getragenen Stromanteiles
i_R	Stromdichteanteil, der in einem Randgebiet durch Rekombination versickert
i_R	dimensionsloses Maß für i_R (Gl. (14.32))
i_S	Dichte des Sättigungsstromes in der Gleichrichtertheorie

i_{Sp}	Stromdichte in Sperrichtung
i_{SM}	Sättigungsstromdichte des Mittelgebietes (Gl. (13.45))
i_{SR}	Sättigungsstromdichte eines Randgebietes (Gl. (11.10) bzw. (14.12))
I	Stromstärke
I_A	Anodenstrom
I_C	Collectorstrom
I_{Cp}	Defektelektronenanteil des Collectorstromes
I_E	Emitterstrom
I_{Ep}	Defektelektronenanteil des Emitterstromes
I_G	Strom durch den Steuerkontakt („Gate")
I_{gen}	thermische Neuerzeugung innerhalb der Raumladungszone
I_K	Kathodenstrom
I_{Sp}	Sperrstrom
I_I, I_{II}, I_{III}	Ströme durch die Übergänge I, II und III (Abb. 18.1)
k	Boltzmann-Konstante ($= 1,380 \cdot 10^{-23}$ W s/K)
K_{DC}	Massenwirkungskonstante für das Gleichgewicht zwischen Donatoren und Leitungsband
K_{DV}	Massenwirkungskonstante für das Gleichgewicht zwischen Donatoren und Valenzband
l	halbe Raumladungsbreite
l	dimensionsloses Maß für l
l_n	Raumladungsbreite im n-Gebiet
l_p	Raumladungsbreite im p-Gebiet
L_{amb}	ambipolare Diffusionslänge (Gl. (15.10.1))
L_n	Diffusionslänge der Elektronen
L$_n$	dimensionsloses Maß für L_n
L_p	Diffusionslänge der Defektelektronen
M_p	Multiplikationsfaktor der Defektelektronen
M_n	Multiplikationsfaktor der Elektronen
n	Elektronenkonzentration
n	dimensionsloses Maß für n (Gl. (4.7) bzw. (12.7))
$\bar{n}$	Mittelwert der Konzentration im Mittelgebiet M („Injektion")
$\bar{n}^*$	dimensionsloses Maß für die Injektion n (Gl. (14.40))
n_{A^-}	Konzentration der negativen Akzeptoren
n$_{A^-}$	dimensionsloses Maß für n_{A^-} (Gl. (12.8))
n_{D^+}	Konzentration der positiven Donatoren
n_i	Inversionsdichte
n$_i$	dimensionsloses Maß für n_i (Gl. (12.61))
n_M	Elektronenkonzentration im Mittelgebiet M (Abschn. 11)
n_n	Gleichgewichts-Elektronenkonzentration im n-Gebiet
n_p	Gleichgewichts-Elektronenkonzentration im p-Gebiet
n$_p$	dimensionsloses Maß für n_p
p	Defektelektronenkonzentration
p	dimensionsloses Maß für p (Gl. (12.6))
p_M	Defektelektronenkonzentration im Mittelgebiet M (Abschn. 11)
p_n	Gleichgewichts-Defektelektronenkonzentration im n-Gebiet
p_p	Gleichgewichts-Defektelektronenkonzentration im p-Gebiet
p$_p$	dimensionsloses Maß für p_p
r	Rekombinationskoeffizient
R_{sc}	Raumladungswiderstand (Abschn. 9)
R	Rekombinationsüberschuß
R_B	Bahnwiderstand eines Gleichrichters
s	Symbol für schwache Dotierung
s_n	Symbol für schwache n-Dotierung

s_p	Symbol für schwache p-Dotierung
s_{Diff}	Dichte des Diffusionsteilchenstroms
s_{Feld}	Dichte des Feldteilchenstroms
s_n	Teilchenstromdichte der Elektronen
s_p	Teilchenstromdichte der Defektelektronen
T	absolute Temperatur in K
U	von außen an ein Bauelement angelegte Spannung
U^*	dimensionsloses Spannungsmaß (Gl. (14.24))
U_b	Breakdown-Spannung
U_B	Bahnspannung in einem Gleichrichter
U_{CB}	Sperrspannung zwischen Collector und Basis
U_{Du}	Durchlaßspannung
U_J	beide Junction-Spannungen zusammen
U_J	dimensionsloses Maß für U_J
U_{Jl}	linke Junction-Spannung
U_{Jr}	rechte Junction-Spannung
U_{Jr}	dimensionsloses Maß für U_{Jr}
U_M	Potentialabfall über dem Mittelgebiet M
U_M	dimensionsloses Maß für U_M
U_{pt}	Punchthrough-Spannung
U_R	Spannungsabfall (dimensionslos) über beiden Randgebieten zusammen
U_{Rl}	Spannungsabfall (dimensionslos) über dem linken Randgebiet
U_{Sp}	Sperrspannung
U_{Sp}	dimensionsloses Maß für U_{Sp} (Gl. (4.20))
$\left.\begin{array}{l} U_{\mathrm{I}} \\ U_{\mathrm{II}} \\ U_{\mathrm{III}} \end{array}\right\}$	Spannungen an den Übergängen I, II und III (Abb. 18.1)
v_n	Elektronengeschwindigkeit (Abschn. 9)
V	elektrostatisches Potential
V	dimensionsloses Maß für V (Gl. (4.8))
V_D	Diffusionsspannung
V_D	dimensionsloses Maß für V_D (Gl. (4.20))
V_{Dn}	n-seitiger Teil der Diffusionsspannung V_D
V_{Dp}	p-seitiger Teil der Diffusionsspannung V_D
$\mathscr{V} = \mathrm{k}\,T/e$	Spannungsäquivalent der Temperatur ($= 25{,}9\ \mathrm{m\,V} \cdot (T/300\ \mathrm{K})$)
w	Zahl der Rekombinationsprozesse pro Zeit- und Volumeneinheit
W_{eff}	raumladungsfreier Teil der n-Basis einer Thyristorstruktur (Abb. 18.7)
x	Ortskoordinate in Stromrichtung
x	dimensionsloses Maß für x (Gl. (4.6) bzw. (12.4))
x_0	Debye-Länge
x_{0n}	Debye-Länge im n-leitenden Gebiet
x_{0p}	Debye-Länge im p-leitenden Gebiet
x_n	Ortskoordinaten der n- bzw. p-seitigen Grenzen der Raum-Ladungs-Zone bzw.
x_p	-Zonen gegen die neutralen Bahnen (Abb. 3.1 bzw. 11.1)
x_l	Ortskoordinaten der linken bzw. rechten Grenze der neutralen Mittelzone gegen-
x_r	über der linken bzw. rechten Raumladungszone
Y	transzendente Funktion (Gl. (4.31))
α_{pnp}	Stromverstärkungsfaktor
β	Transportfaktor in einem Transistor
γ_{E}	Emitterwirkungsgrad
$\varepsilon\varepsilon_0$	absolute Dielektrizitätskonstante des Siliziums ($= 1{,}037 \cdot 10^{-13}\ \mathrm{As\,(V\,cm)^{-1}}$)
μ_n	Beweglichkeit der Elektronen
μ_p	Beweglichkeit der Defektelektronen
μ_{amb}	ambipolare Beweglichkeit (Gl. (15.9))
ξ	Integrationsvariable
ϱ	Raumladungsdichte

τ	„Lebensdauer" der Ladungsträger bei stationären Vorgängen, insbesondere:
τ_i	Lebensdauer im eigenleitenden Gebiet
τ_n	Lebensdauer der Elektronen in einem p-Gebiet
$\tau^{(n0)}$	Lebensdauer der Elektronen in einem p-Gebiet bei sehr starker Dotierung
τ_p	Lebensdauer der Defektelektronen in einem n-Gebiet
$\tau^{(p0)}$	Lebensdauer der Defektelektronen in einem n-Gebiet bei sehr starker Dotierung
Φ	Fehlerfunktion

Einleitung

Die Bauelemente der Leistungselektronik werden mit großen Sperrspannungen und großen Durchlaßströmen belastet. Der Rahmen der Shockleyschen Theorie der pn-Übergänge (vgl. Band 1 dieser Buchreihe) ist aber durch die Stichworte „Boltzmann-Gleichgewicht" und „*schwache* Injektion" gekennzeichnet. Es ist also verständlich, daß der Rahmen dieser Theorie durch die Leistungsgleichrichter und Thyristoren gesprengt wird. Die im folgenden gegebene Darstellung befaßt sich deshalb besonders ausführlich mit den Abweichungen vom Boltzmann-Gleichgewicht und mit den Folgen *starker* Injektionen, wobei das Schwergewicht auf die prinzipiellen Zusammenhänge gelegt wurde und weniger auf die Details realer Bauelemente.

Es kommt hinzu, daß der einfache zweischichtige pn-Übergang die beiden Forderungen nach hoher Sperrspannung und großer Stromtragfähigkeit nicht gleichzeitig erfüllen kann. Dies bleibt den *pin*- und *psn*-Strukturen vorbehalten. Die Theorie dieser dreischichtigen Strukturen wurde zuerst von R. N. Hall gegeben. Wir gehen im folgenden also von der ursprünglichen Shockleyschen Theorie des pn-Übergangs aus und folgen anschließend den Gedankengängen von Hall. Abschließend werden die gewonnenen Ergebnisse auf den Thyristor angewendet.

A Der einfache pn-Übergang

1 Der stromlose Zustand eines pn-Übergangs

In vielen Bauelementen der Halbleitertechnik spielen ein oder mehrere pn-Übergänge eine entscheidende Rolle. Wir wollen uns deshalb in diesem Buch mit der Physik des pn-Übergangs beschäftigen. Dabei beginnen wir mit dem stromlosen Fall. Wir stellen uns also einen Siliziumkristall vor (Abb. 1.1), der auf beiden Seiten mit geerdeten Elektroden versehen ist. Links ist er mit Aluminium und rechts mit Phosphor dotiert. In der Praxis geschieht das durch Diffusions-, Legierungs-, Epitaxie- oder Implantationsprozesse. Bei $x=0$ sollen die beiden Dotierungen abrupt aneinanderstoßen. Das dreiwertige Aluminium wirkt in dem vierwertigen Silizium als Akzeptor A^-. Links stellt sich also eine Defektelektronenkonzentration

$$p = p_p \approx n_{A^-} \tag{1.1}$$

ein; denn für Gebiete, die von der Stoßstelle der Dotierungen weit entfernt sind, ist Neutralität zu fordern und die Ladungen der positiven Defektelektronen und der negativen Akzeptoren müssen sich kompensieren. Rechts liegt entsprechend eine Elektronenkonzentration

$$n = n_n \approx n_{D^+} \tag{1.2}$$

vor. Die Konzentrationen n_{A^-} und n_{D^+} der Akzeptoren A^- und der Donatoren D^+ betragen in der Praxis $10^{13} \ldots 10^{19}\ \mathrm{cm^{-3}}$.

Links sind aber nicht nur Defektelektronen vorhanden. Im thermischen Gleichgewicht gilt ja das Massenwirkungsgesetz

$$n\,p = n_i^2, \tag{1.3}$$

wobei n_i die Eigenleitungsdichte ist. Sie hat im Silizium bei 300 K den Wert

$$n_i = 1 \cdot 10^{10}\ \mathrm{cm^{-3}}. \tag{1.4}$$

Neben der Defektelektronenkonzentration $p_p \approx n_{A^-}$ stellt sich also durch das Gegeneinander von thermischer Neuerzeugung und Wiedervereinigung eine Elektronenkonzentration

$$n_p = \frac{n_i^2}{p_p} \approx \frac{n_i^2}{n_{A^-}} \tag{1.5}$$

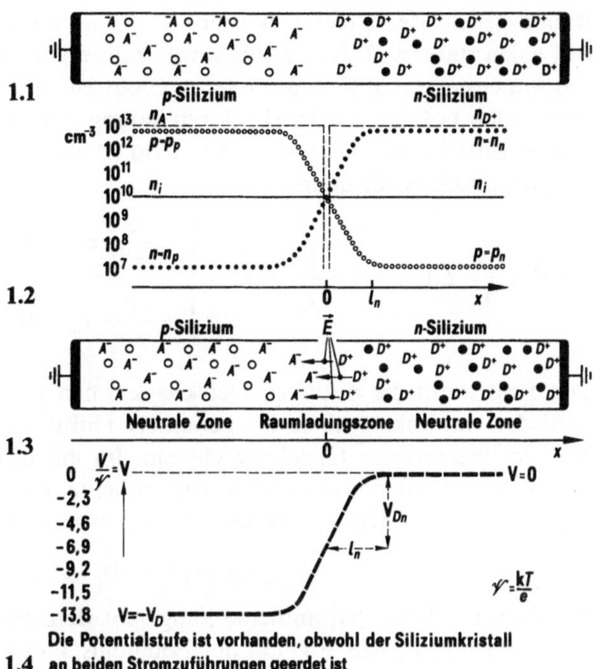

Abb. 1.1. pn-Übergang

Abb. 1.2. Konzentrationsverteilungen in einem pn-Übergang. Stromloser Fall

Abb. 1.3. pn-Übergang. Das elektrische Feld in der Raumladungszone

Abb. 1.4. Potentialverlauf in einem pn-Übergang

ein. Die Werte von n_p liegen je nach Dotierung zwischen

$$n_p = \frac{10^{20}\ \text{cm}^{-6}}{10^{13}\ \text{cm}^{-3}} = 10^7\ \text{cm}^{-3} \quad \text{und} \quad \frac{10^{20}\ \text{cm}^{-6}}{10^{19}\ \text{cm}^{-3}} = 10^1\ \text{cm}^{-3}. \tag{1.6}$$

Diese um 6 bzw. 18 Zehnerpotenzen kleineren „Minoritätsträger"-Konzentrationen sind in den Neutralitätsbeziehungen (1.1) und (1.2) gegenüber den Dotierungen n_{A^-} und n_{D^+} vernachlässigt worden.

Wir werden im folgenden sehr oft die Konzentrationen logarithmisch auftragen (Abb. 1.2). Dann liegt wegen des Massenwirkungsgesetzes (1.3) die Defektelektronen-Konzentrationskurve $p(x)$ $\circ\circ\circ$ und die Elektronenkonzentrationskurve $n(x)$ $\bullet\bullet\bullet$ symmetrisch zur Horizontalen $n_i = 10^{10}\ \text{cm}^{-3}$ (im thermischen Gleichgewicht!). Auf der rechten Seite haben n und p ihre Rollen vertauscht.

Wie findet nun der Übergang zwischen links und rechts statt, wie sieht der eigentliche pn-Übergang aus? Es wird sich zeigen, daß zwischen den beiden äußeren neutralen Zonen eine Raumladungszone entsteht:
Die Konzentrationen n_{A^-} und n_{D^+} können abrupt aneinander grenzen, denn die A^- und die D^+ sind unbeweglich. Dagegen kann sich der Übergang zwischen den beweglichen Ladungsträgern nur verschliffen vollziehen. Das Konzen-

trationsgefälle der Defektelektronen von beispielsweise 10^{13} cm^{-3} auf 10^{7} cm^{-3} ruft einen starken Diffusionsstrom von links nach rechts hervor. Zurück bleiben unkompensiert negativ geladene Akzeptoren A^-. Rechts baut sich entsprechend eine positive elektrische Raumladung aus Donatoren D^+ auf. Zwischen beiden entsteht ein elektrostatisches Feld (Abb. 1.3). Seine Feldstärke $\vec{E}$ befolgt die Poissonsche Gleichung

$$\operatorname{div} \vec{E} = \frac{\mathrm{d}}{\mathrm{d}x}\,\vec{E}\,(x) = +\frac{1}{\varepsilon\,\varepsilon_0}\,\varrho\,(x) = \begin{cases} -\dfrac{e}{\varepsilon\,\varepsilon_0}\,n_{A^-} & \text{für}\quad x<0 \qquad\qquad (1.7) \\[3mm] +\dfrac{e}{\varepsilon\,\varepsilon_0}\,n_{D^+} & \text{für}\quad x>0. \qquad\qquad (1.8) \end{cases}$$

Das Feld treibt die positiven Defektelektronen von rechts nach links. Dadurch wird der von links nach rechts gerichtete Diffusionsstrom kompensiert, es stellt sich ein thermisches Gleichgewicht ein. Im einzelnen ist nach dem Fickschen Gesetz die Diffusions-(Teilchen-)stromdichte mit dem Konzentrationsgefälle $- p'(x)$ durch die Diffusionskonstante D_p verbunden:

$$s_{p\ \text{Diff}}\,(x) = -\,D_p \cdot p'(x)\,. \qquad\qquad (1.9)$$

Die Feld-(Teilchen-)stromdichte hängt mit dem Feld $\vec{E}$ und dadurch mit dem negativen Gradienten $- V'(x)$ des Potentials $V(x)$ durch die Beweglichkeit μ_p zusammen:

$$s_{p\ \text{Feld}}\,(x) = +\,\mu_p\,p\,(x)\,\vec{E}\,(x) = -\,\mu_p\,p\,(x)\,V'(x)\,. \qquad\qquad (1.10)$$

Die Summe beider Stromdichten ist im thermischen Gleichgewicht – wie gesagt – gleich Null:

$$-\,D_p\,p'(x) - \mu_p\,p\,(x)\,V'(x) = 0, \qquad\qquad (1.11)$$

$$V'(x) = -\,\frac{D_p}{\mu_p}\,\frac{p'(x)}{p\,(x)}\,. \qquad\qquad (1.12)$$

Hier benutzen wir die Nernst-Townsend-Einsteinsche Beziehung

$$D_p = \frac{\mathrm{k}\,T}{e}\,\mu_p = \mathscr{V}\,\mu_p. \qquad\qquad (1.13)$$

Die Größe $\mathrm{k}\,T/e$ bezeichnet man als „Voltäquivalent der Temperatur T". Es hat den Wert

$$\mathscr{V} = \frac{\mathrm{k}\,T}{e} = 25{,}9\ \text{mV} \cdot \left(\frac{T}{300\ \text{K}}\right). \qquad\qquad (1.14)$$

Die Defektelektronengleichung (1.12) schreibt sich hiermit

$$\frac{\mathrm{d}}{\mathrm{d}x}\,\frac{V(x)}{\mathscr{V}} = -\,\frac{\mathrm{d}}{\mathrm{d}x}\,\ln\,p\,(x)\,. \qquad\qquad (1.15)$$

Bei den Elektronen macht sich das negative Vorzeichen ihrer Ladung bei der Feldstromdichte bemerkbar:

$$s_{n\ \text{Feld}}(x) = -\,\mu_n\,n(x)\,\vec{E}\,(x)\,. \qquad\qquad (1.16)$$

16

Neben die Defektelektronengleichung (1.15) tritt also eine Elektronengleichung

$$\frac{d}{dx}\frac{V(x)}{\mathscr{V}} = +\frac{d}{dx}\ln n(x)\,. \tag{1.17}$$

Integration von (1.17) ergibt

$$\frac{V(x)}{\mathscr{V}} = \ln n(x) - \ln n_{D^+}\,. \tag{1.18}$$

Hierbei ist ganz rechts im n-Leiter, wo

$$n(+\infty) = n_{D^+} \tag{1.19}$$

wird, willkürlich der Potentialwert

$$V(+\infty) = 0 \tag{1.20}$$

gesetzt worden.

Die Gl. (1.18) löst man meistens nach der Konzentration auf:

$$n(x) = n_{D^+}\,e^{+\,V(x)/\mathscr{V}}\,. \tag{1.21}$$

Man bezeichnet sie als die Boltzmann-Verteilung des im thermischen Gleichgewicht befindlichen Elektronengases. Neben die Verteilungskurven der Konzentrationen $p(x)$ und $n(x)$ und das Feld $\vec{E}(x)$ tritt also noch eine Potentialkurve $V(x)$ (Abb. 1.4). Es ist zweckmäßig, im Gegensatz zur logarithmischen Auftragung der Konzentrationen $p(x)$ und $n(x)$ das Potential $V(x)$ linear und reduziert, also dimensionslos aufzutragen. Werden die Maßstäbe geeignet gewählt (Faktor 10 bei den Konzentrationen gleich Differenz 2,303 beim reduzierten Potential $V(x) = V(x)/\mathscr{V}$), so werden die Elektronenkurve $n(x)$ und die Potentialkurve $V(x)$ kongruent, was manchmal ganz praktisch ist. Diese Kongruenz liegt aber natürlich nur im thermischen Gleichgewicht vor. Die Defektelektronenkurve ist gespiegelt kongruent.

Ganz links in Abb. 1.4, also für $x \to -\infty$, ist $n = n_p$ und deshalb nach (1.5)

$$n(-\infty) = \frac{n_i^2}{n_{A^-}}\,. $$

Wird dies in (1.18) benutzt, so folgt

$$V(-\infty) = \mathscr{V}\cdot\ln\frac{n_i^2}{n_{A^-}\,n_{D^+}}\,. \tag{1.22}$$

Zusammen mit (1.20) sehen wir also, daß sich im Inneren eines stromlosen pn-Übergangs eine „Diffusionsspannung V_D" ausbildet:

$$V_D = V(+\infty) - V(-\infty) = 0 - \mathscr{V}\cdot\ln\frac{n_i^2}{n_{A^-}\,n_{D^+}} = +\mathscr{V}\ln\frac{n_{A^-}\,n_{D^+}}{n_i^2} \tag{1.23}$$

$$= \mathscr{V}\ln\frac{n_{A^-}}{n_i} + \mathscr{V}\ln\frac{n_{D^+}}{n_i} = V_{Dp} + V_{Dn}\,. \tag{1.24}$$

Betragen die Dotierungen n_{A^-} und n_{D^+} beispielsweise beide 10^{18} cm^{-3}, so wird die ganze Diffusionsspannung

$$V_D = \mathcal{V} \cdot \ln \frac{10^{36}}{10^{20}} = 25,9 \text{ mV} \cdot \ln 10^{16} = 0,954 \text{ V} . \tag{1.25}$$

Für die auf das p- und das n-Gebiet fallenden Anteile V_{Dp} und V_{Dn} der Diffusionsspannung V_D ergeben sich demnach Werte von einigen Zehnteln Volt.

Das Auftreten von Potentialunterschieden in einem stromlosen Leiter bereitet manchmal gewisse gedankliche Schwierigkeiten. Hier sei an die barometrische Höhenformel erinnert. In der Atmosphäre ruft ja auch die Erdanziehung keine vertikale Luftbewegung von oben nach unten hervor. Es stellt sich vielmehr am Erdboden eine größere Luftdichte als in der Höhe ein. Eigentlich müßte also ein Diffusionsstrom von unten nach oben fließen. Er wird aber kompensiert durch einen Feldstrom von oben nach unten, den das Schwerefeld erzeugt.

In späteren Rechnungen wird sich meist von selbst anbieten, die Diffusionsspannungen V_D, V_{Dp} und V_{Dn} in Vielfachen des Voltäquivalents $\mathcal{V}$ der Temperatur [Gl. (1.14)] zu messen:

$$\frac{V_D}{\mathcal{V}} = \mathrm{V}_D = \ln \frac{n_{A^-} n_{D^+}}{n_i^2}; \quad \frac{V_{Dp}}{\mathcal{V}} = \mathrm{V}_{Dp} = \ln \frac{n_{A^-}}{n_i}; \quad \frac{V_{Dn}}{\mathcal{V}} = \mathrm{V}_{Dn} = \ln \tag{1.26}$$

Bei vernünftigen Dotierungen $10^{14} \dots 10^{18}$ cm^{-3} und mit (1.4) folgt

$$\mathrm{V}_D = \ln 10^8 \dots \ln 10^{16}; \quad \mathrm{V}_{Dp} = \ln 10^4 \dots \ln 10^8; \quad \mathrm{V}_{Dn} = \ln 10^4 \dots \ln 10^8;$$

$$\mathrm{V}_D = 18,4 \dots 36,8; \quad \mathrm{V}_{Dp} = 9,2 \dots 18,4; \quad \mathrm{V}_{Dn} = 9,2 \dots 18,4.$$

Bei vielen Rechnungen wird man also

$$\mathrm{V}_D \gg 1; \quad \mathrm{V}_{Dp} \gg 1; \quad \mathrm{V}_{Dn} \gg 1 \tag{1.26.1}$$

ansetzen dürfen.

Zur Ermittlung der gemeinsamen Form der linear aufgetragenen Potentialkurve und der logarithmisch aufgetragenen Elektronenkonzentration $n(x)$ steht die Poissonsche Gleichung zur Verfügung [siehe auch (1.8)]

$$V''(x) = - \frac{1}{\varepsilon \, \varepsilon_0} \, \varrho(x) .$$

Wir konzentrieren uns jetzt auf das n-Gebiet. Hier wird die Raumladungsdichte ϱ in der Hauptsache von der Dotierung n_{D^+} aufgebaut:

$$V''(x) = - \frac{e}{\varepsilon \, \varepsilon_0} \left[n_{D^+} + p(x) - n(x) \right] \quad \text{für} \quad 0 < x < + \infty . \tag{1.27}$$

Die Ladungsdichten $+ e \, p(x)$ und $- e \, n(x)$ der beweglichen Ladungsträger können in großen Teilen des n-Gebietes vernachlässigt werden (Abb. 1.2).

Bei der Schottkyschen Parabelnäherung (Abb. 1.5) werden die Ladungen der beweglichen Ladungsträger gegenüber der Dotierung n_{D^+} in einer *Raumladungszone* oder *Junction* $0 < x < + l_n$ gänzlich vernachlässigt:

$$V''(x) = - \frac{e \, n_{D^+}}{\varepsilon \, \varepsilon_0} \quad \text{für} \quad 0 < x < l_n . \tag{1.28}$$

18

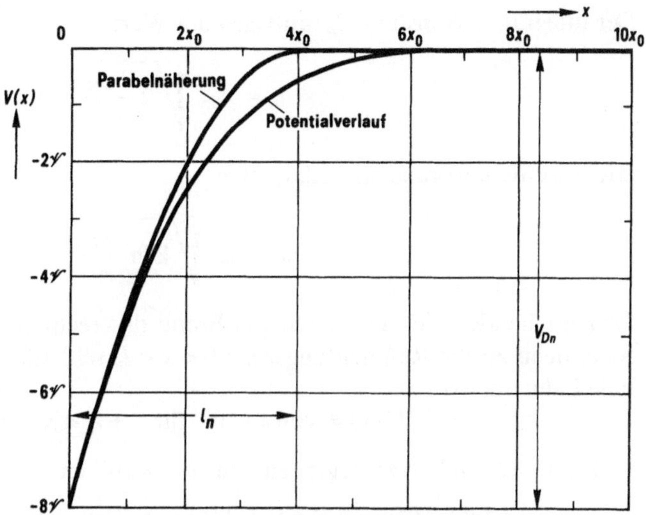

Abb. 1.5. Der Potentialverlauf im n-Gebiet und die Schottkysche Parabelnäherung

In einer anschließenden *Bahn* $l_n < x < +\infty$ werden dagegen die Ladungen der beweglichen Ladungsträger sofort voll berücksichtigt, so daß dort durchgehend Neutralität herrscht:

$$V''(x) = 0 \quad \text{für} \quad l_n < x < +\infty .\tag{1.29}$$

Die Gl. (1.28) hat die Lösung

$$V(x) = -\frac{\mathscr{V}}{2}\left[\frac{l_n - x}{x_{0\,n}}\right]^2 \quad \text{für} \quad 0 < x < +l_n .\tag{1.30}$$

Auf die Integrationskonstante l_n kommen wir gleich zu sprechen. Der Nenner

$$x_{0n} = \sqrt{\frac{\varepsilon\,\varepsilon_0\,\mathscr{V}}{e\,n_{D^+}}}\tag{1.31}$$

ist die sog. Debye-Länge des n-Gebiets. Sie hat im Silizium, wo $\varepsilon = 11{,}7$ und also $\varepsilon\,\varepsilon_0 = 1{,}037$ As (V cm)$^{-1}$ ist, den Wert

$$x_{0n} = 4{,}1 \cdot 10^{+2}\,\text{cm} \left(\frac{n_{D^+}}{\text{cm}^{-3}}\right)^{-\frac{1}{2}} \left(\frac{T}{300\,\text{K}}\right)^{+\frac{1}{2}} .\tag{1.32}$$

Für eine Dotierung 10^{13} cm^{-3} ergibt sich

$$x_{0n} = 1{,}30 \cdot 10^0\,\mu\text{m}\tag{1.33}$$

und für 10^{19} cm^{-3}

$$x_{0n} = 1{,}30 \cdot 10^{-3}\,\mu\text{m} .\tag{1.34}$$

Um die Integrationskonstante l_n zu ermitteln, wenden wir (1.30) auf den Punkt $x = 0$ an. Dort hat nach Abb. 1.4 das Potential den Wert

$$V(0) = -V_{Dn} .\tag{1.35}$$

19

Der Integrationskonstante l_n muß also der Wert

$$l_n = x_{0n} \sqrt{2 \frac{V_{Dn}}{\mathcal{V}}} \qquad (1.36)$$

erteilt werden, woraus mit (1.26) auch

$$l_n = x_{0n} \sqrt{2 \ln \frac{n_{D^+}}{n_i}} \qquad (1.37)$$

folgt. Es handelt sich bei l_n um die Breite des rechten Teils der Raumladungszone; denn an die Raumladungszone $0 < x < l_n$ schließt sich nach (1.29) die neutrale Bahn an, wo

$$V(x) \equiv \mathrm{const} = 0 \quad \text{für} \quad + l_n < x < + \infty \qquad (1.38)$$

ist. Mit (1.32) und (1.37) ergibt sich für $n_{D^+} = 10^{13}$ cm^{-3}:

$$l_n = 4{,}82 \cdot 10^0 \; \mu\mathrm{m} \approx 1{,}54 \cdot 10^4 \text{ Doppel-Gitterebenen des Siliziums}$$

und für $n_{D^+} = 10^{+19}$ cm^{-3}:

$$l_n = 8{,}34 \cdot 10^{-3} \; \mu\mathrm{m} \approx 2{,}8 \cdot 10^1 \text{ Doppel-Gitterebenen des Siliziums.}$$

Im stromlosen Fall sind die Raumladungszonen also recht dünn. Die Größenordnung Mikrometer wird nur bei schwachen Dotierungen erreicht, während in stark dotierten Gebieten die Raumladung sogar nur einige Hundertstel Mikrometer dick ist.

Ein Urteil über die Güte der Schottkyschen Parabelnäherung kann man sich aus Abb. 1.5 bilden. Meistens liefert die Vernachlässigung der beweglichen Ladungsträger in der Raumladungszone völlig ausreichende Ergebnisse.

2 Der stromdurchflossene pn-Übergang

Was ändert sich nun an den geschilderten Verhältnissen, wenn beispielsweise an den linken p-Teil des Gleichrichters eine positive Spannung U_{Du} gelegt wird (Abb. 2.1), während das Potential des rechten n-Teils durch Erdung festgehalten wird? Die Potentialstufe beträgt jetzt nicht mehr V_D, sondern nur noch $V_D - U_{Du}$. Damit die Potentialschwelle kleiner wird, muß auch die erzeugende Raumladung verkleinert werden. Die Dichte ϱ dieser Raumladung ist aber im wesentlichen durch die unveränderlichen Konzentrationen n_{D^+} und n_{A^-} der unbeweglichen Donatoren D^+ und Akzeptoren A^- gegeben; denn die beeinflußbaren Konzentrationen n und p der beweglichen Elektronen und Defektelektronen sind ja in dem wesentlichen Teil der Raumladungszone vernachlässigbar klein.

Wenn die Dichte der Raumladung nicht verkleinert werden kann, muß ihre Breite verkleinert werden. Die Konzentrationen p und n müssen also ihre Neutralwerte $p_p \approx n_{A^-}$ und $n_n \approx n_{D^+}$ weiter zur Mitte hin beibehalten als vorher im stromlosen Zustand (Abb. 2.2). Das kommt folgendermaßen zustande: Die Potentialerhöhung am linken Ende des Gleichrichters treibt die positiven Defekt-

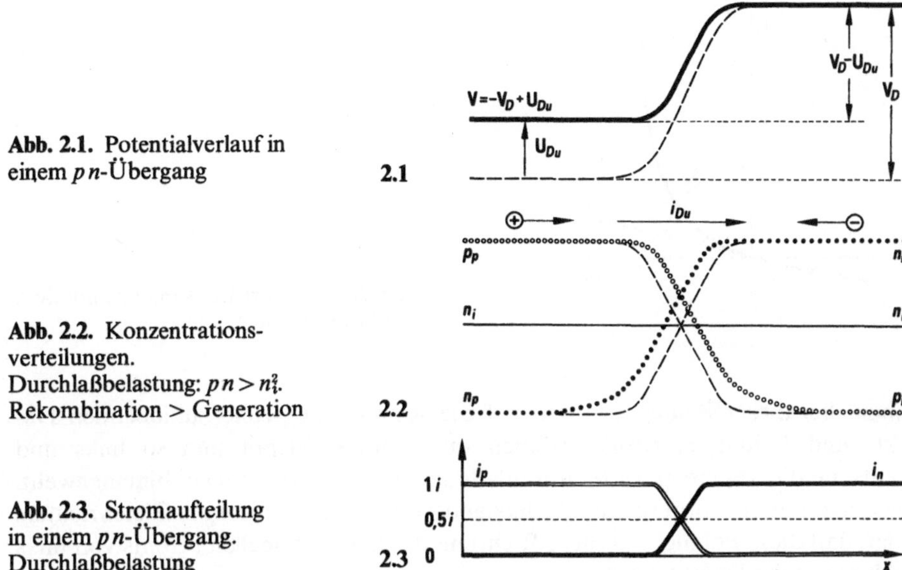

Abb. 2.1. Potentialverlauf in einem pn-Übergang   2.1

Abb. 2.2. Konzentrationsverteilungen. Durchlaßbelastung: $pn > n_i^2$. Rekombination > Generation   2.2

Abb. 2.3. Stromaufteilung in einem pn-Übergang. Durchlaßbelastung   2.3

elektronen des p-Teils von links nach rechts, also auf die Raumladungszone zu. Die negativen Elektronen des rechten n-Teils werden von der linken positiven Elektrode angezogen und fließen also auch auf die Raumladungszone zu. Beide Konzentrationen n und p wachsen in der Übergangszone (Abb. 2.2). Ihr Verlauf ist nicht mehr symmetrisch zur Horizontalen n_i. Daraus geht (wegen der logarithmischen Auftragung von n und p) hervor, daß jetzt das Produkt np größer ist als sein stationärer Wert n_i^2, den es nach dem Massenwirkungsgesetz (1.3)

$$np = n_i^2$$

im thermischen Gleichgewicht hat.

Bei Stromdurchgang herrscht aber *nicht* thermisches Gleichgewicht. Ein neuer stationärer Zustand stellt sich erst ein, wenn die von beiden Seiten in den pn-Übergang hineinströmenden Träger durch einen Überschuß der Rekombinationsrate rnp über die Generationsrate rn_i^2 gerade aufgenommen werden[1]:

$$R = r\,(np - n_i^2). \tag{2.1}$$

Im übrigen geht aus dem Gesagten hervor, daß die Gesamtstromdichte i_{Du} ganz links als Defektelektronenstromdichte i_p und ganz rechts als Elektronenstromdichte i_n geführt wird (Abb. 2.3).

Es ist nun plausibel, daß der bei kleinen Belastungen erfahrungsgemäß hohe Widerstand eines pn-Gleichrichters (der „Nullwiderstand" in Abb. 2.4) auf die Trägerverarmung in der Raumladungszone zurückzuführen ist. Diese Ursache für den großen Nullwiderstand des pn-Gleichrichters ist durch das Anlegen einer positiven Spannung an das linke p-Ende des Gleichrichters abgeschwächt worden. Die hohen Trägerdichten des p- und des n-Teils werden, wie wir soeben

---

[1] r: Wiedervereinigungskoeffizient, Dimension $[r] = \mathrm{cm}^{-3}\,\mathrm{s}^{-1}$.

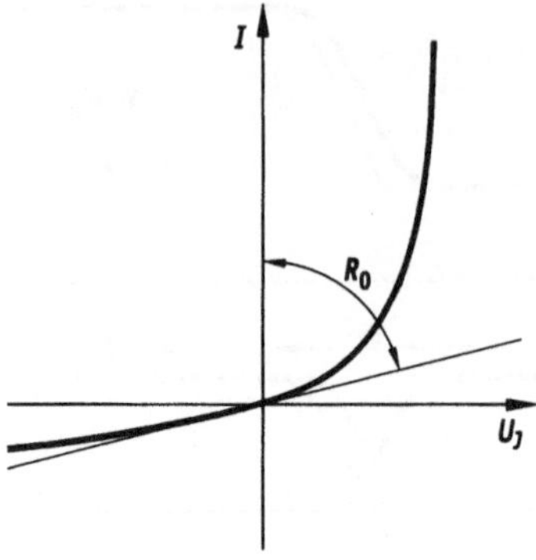

Abb. 2.4. Gleichrichterkennlinie mit dem „Nullwiderstand"

sahen, bei dieser Polung von den auf die Raumladungszone zufließenden Defekt- und Leitungselektronenströmen quasi mitgeschleppt und so links und rechts in die trägerverarmte Raumladungszone gewissermaßen hineingeweht. Die dadurch hervorgerufene Widerstandsverminderung des pn-Gleichrichters zeigt, daß diese Polung und diese Richtung des konventionellen Stroms von links nach rechts die Durchlaßrichtung ist.

Beim Nachweis, daß die umgekehrte Stromrichtung die Sperrichtung ist, können wir uns jetzt einigermaßen kurz fassen (s. Abb. 2.5). Um den konventionellen Strom von rechts nach links durch den Gleichrichter zu treiben, müssen wir an das linke Ende ein negatives Potential $- U_{Sp}$ anlegen. Die Potentialstufe in der Übergangszone vergrößert sich auf $V_D + U_{Sp}$ und erfordert demgemäß zu ihrem Aufbau stärkere Raumladungen. Diese können nur durch Verbreiterung der trägerverarmten Übergangszone erzielt werden. Die Verbreiterung der hochohmigen Übergangszone erhöht den Gleichrichterwiderstand, es liegt der Sperrfall vor.

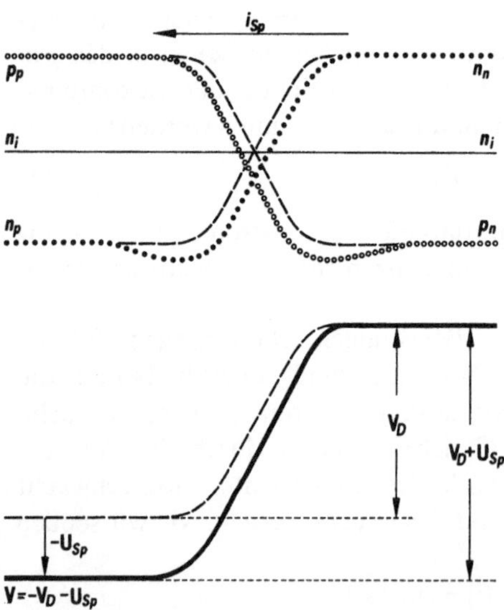

Abb. 2.5. Potentialverlauf und Konzentrationsverteilung in einem pn-Gleichrichter. Sperrbelastung: $pn < n_i^2$. Rekombination < Generation

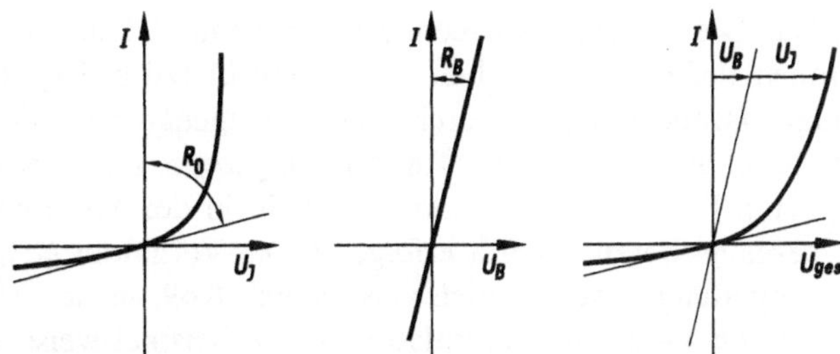

Abb. 2.6. Scherung der Strom-Spannungs-Kennlinie $I = f(U_J)$ mit dem Bahnwiderstand R_B: $I = g(U_J + R_B I) = g(U_\text{ges})$

In den bisherigen Ausführungen wurde nicht berücksichtigt, daß der Stromtransport nicht nur durch den eigentlichen pn-Übergang, sondern auch durch die rechts und links anschließenden neutralen Zonen – durch die „Bahngebiete" also – gewisse Spannungsbeträge braucht, nämlich die sogenannte „Bahnspannung". Häufig ist die Dotierung in diesen Bahngebieten räumlich konstant. Dann sind dort auch die Trägerkonzentrationen ortsunabhängig und es fließen keine Diffusionsströme. Der Stromtransport hat rein ohmschen Charakter, und der Bahnwiderstand R_B ist stromunabhängig.

Der Bahnwiderstand R_B liegt mit dem eigentlichen pn-Übergang in Reihe. Der Spannungsabfall $R_B I$ an den Bahngebieten muß also zum Spannungsabfall U_J am eigentlichen pn-Übergang, an der „Junction" also, addiert werden, wenn die experimentell allein zugängige Gesamtspannung

$$U_\text{ges} = U_J + R_B I$$

ermittelt werden soll. Häufig geschieht das durch die sog. „Scherungskonstruktion" der Abb. 2.6. Gewöhnlich sind die Dotierungen in den Randgebieten sehr hoch, so daß der Bahnwiderstand R_B sehr klein ist und gegenüber dem Spannungsabfall U_J am eigentlichen pn-Übergang erst berücksichtigt zu werden braucht, wenn die Strombelastung in Durchlaßrichtung sehr hoch wird.

3 Geringe Rekombination. Schwache Injektion

In Germanium und Silizium ist die Rekombinationsrate gering, also der Rekombinationskoeffizient r klein – übrigens im Gegensatz zu den meisten III-V-Verbindungen. Shockley hat darauf hingewiesen, daß die Verwendung von solchen Kristallen zu ganz besonderen Eigenschaften der pn-Gleichrichter führt.

Wir betrachten wieder den Durchlaßfall, also die in den Abb. 2.1 bis 2.3 dargestellte Polung. In Abb. 2.3 wurde gezeigt, daß der von links kommende Defektelektronenstrom durch einen entgegenkommenden Elektronenstrom übernommen wird, nämlich wegen Überwiegens der Rekombination rnp über die Generation rn_i^2 (Abb. 2.2). Wenn nun die Rekombination zwar überwiegt, die Rekombination*rate* aber gering ist, so erfordert diese Übernahme große Volumina. Die Defektelektronen werden dann tief in das n-Gebiet und die Elektronen tief in das p-Gebiet hineingeweht (Abb. 3.1). Die Übernahme des Defektelektronenstromes durch den entgegenkommenden Elektronenstrom muß dann schon lange vor der Raumladungszone, also schon tief im Innern der neutralen p-Bahn beginnen, damit sie z. B. in der Mitte eines völlig symmetrischen Übergangs bereits zu 50% erfolgt ist. Das Verhältnis $i_p : i_n$ ist am Beginn $x = x_p$ der Raumladungszone beispielsweise gleich 0,49, in der Mitte $x = 0$ gleich 0,5 und am Ende $x = x_n$ der Raumladungszone beispielsweise gleich 0,51. Die restliche Übernahme von i_p durch i_n erfordert noch weite Strecken der n-Bahn.

Vernachlässigen wir schließlich die Rekombination innerhalb der Raumladungszone völlig, so führen im Punkt x_p die vielen Defektelektronen und die wenigen Elektronen den gleichen Strom, nämlich je die Hälfte des Gesamtstroms i_{Du}.

Wie kommt das zustande? Grob gesagt dadurch, daß die vielen Defektelektronen durch eine sehr schwache Bahnfeldstärke angetrieben werden, während die wenigen Elektronen nur infolge eines relativ großen Konzentrationsgradienten auf den gleichen Stromdichteanteil $i_{Du}/2$ kommen. Der Feldstrom dieser wenigen Elektronen ist praktisch völlig zu vernachlässigen, weil das schwache Feld $\vec{E}(x)$ nur mit den vielen Defektelektronen p_p auf Stromdichten der Größenordnung i_{Du} kommt, mit den wenigen Elektronen n aber bloß Stromdichtebeiträge von der Ordnung

$$\frac{n}{p_p} \cdot \frac{1}{2}\, i_{Du} \approx \frac{1}{2} \cdot 10^{-4}\, i_{Du}$$

(beispielweise!) zustande bringt.

Die in der vorstehenden Überlegung benutzten Argumente, nämlich der größenordnungsmäßige Unterschied der Konzentrationen $p(x)$ und $n(x)$ und die größenordnungsmäßige Gleichheit der Strombeiträge i_p und i_n, gelten nun nicht nur im Punkt x_p, sondern in der ganzen p-Bahn $x < x_p$. Deshalb gilt auch das erzielte Ergebnis, nämlich der Diffusionscharakter des Elektronenstroms i_n, in der

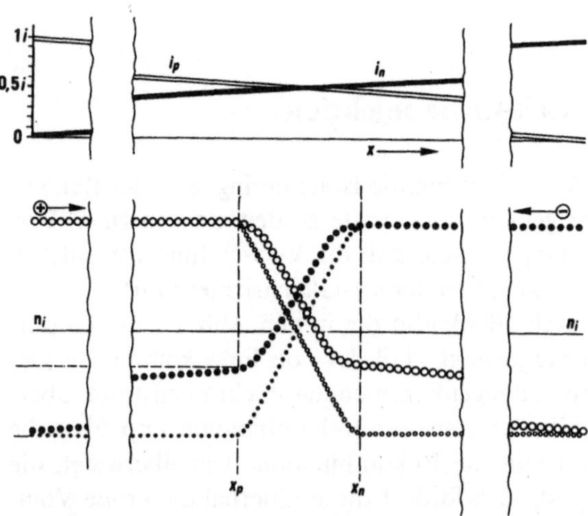

Abb. 3.1. $p\,n$-Gleichrichter mit geringer Rekombination. Fall der Durchlaßbelastung
●●● $n(x)$
○○○ $p(x)$

ganzen p-Bahn $x < x_p$. Dieser Diffusionsstrom der hereingeschleppten Elektronen ist aber räumlich nicht konstant, sondern versickert bei immer tieferem Eindringen von rechts nach links in die p-Bahn immer mehr, und zwar infolge des Überwiegens der Rekombination $w = r\,n\,p$ über die Generation $g = r\,n_i^2$.

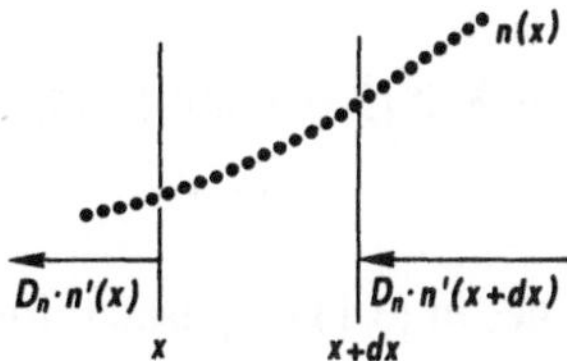

Abb. 3.2. Zur Aufstellung der Diffusionsgleichung

Für zwei Trennflächen bei x und $x + \mathrm{d}x$ (Abb. 3.2) ergibt sich also

$$D_n\, n'\,(x + \mathrm{d}x) - D_n\, n'\,(x) = (w - g)\,\mathrm{d}x$$

bzw.

$$D_n\, n''\,(x) = w - g = R. \tag{3.1}$$

Den Rekombinationsüberschuß (2.1)

$$R = w - g = r\,n\,(x)\,p\,(x) - r\,n_i^2 = r\,\{n\,(x)\,p\,(x) - n_i^2\} \tag{3.2}$$

formen wir um, indem wir zunächst das Massenwirkungsgesetz (1.3) auf die Gleichgewichtsdichten p_p und n_p *des p*-Gebietes anwenden:

$$n_i^2 = n_p\, p_p, \tag{3.3}$$

was in (3.2) auf

$$R = r\,\{n\,(x)\,p\,(x) - n_p\, p_p\} \tag{3.4}$$

führt. Weiter fordert die Neutralität der p-Bahn, daß bei einer Erhöhung $n - n_p$ der Elektronendichte n auch die Defektelektronenkonzentration p um den gleichen Betrag angehoben werden muß:

$$p = p_p + (n - n_p). \tag{3.5}$$

Dies in (3.4) eingesetzt führt zu

$$R = r\,\{n\,[p_p + (n - n_p)] - n_p\, p_p\} \tag{3.6}$$

$$= r\,\{n\,p_p + n^2 - n\,n_p - n_p\, p_p\} \tag{3.7}$$

$$= r\,\{p_p\,(n - n_p) + n\,(n - n_p)\} \tag{3.8}$$

$$= r\,[p_p + n\,(x)]\,[n\,(x) - n_p]. \tag{3.9}$$

Wir vernachlässigen jetzt die Minoritätsträger gegenüber den Majoritätsträgern:

$$n\,(x) \ll p_p. \tag{3.10}$$

In der neutralen p-Bahn soll also trotz der Injektion die Minoritätsträgerkonzentration $n\,(x)$ immer noch klein gegen die ursprüngliche Majoritätsträgerkonzentration p_p bleiben. Das beschränkt die folgenden Rechnungen auf nicht zu starke Durchlaßbelastungen, auf den „Fall der schwachen Injektion" also (siehe aber Abschn. 12 ff.) [2].

Außerdem führen wir an Stelle des etwas ungebräuchlichen Rekombinations-koeffizienten r die „Lebensdauer der Elektronen im p-Gebiet"

$$\tau_n = \frac{1}{r\,p_p} \tag{3.11}$$

ein. Mit (3.10) und (3.11) vereinfacht sich (3.9) zu

$$R = \frac{1}{\tau_n}\,[n\,(x) - n_p]. \tag{3.12}$$

Dies in (3.1) eingesetzt, führt auf

$$\frac{\mathrm{d}^2}{\mathrm{d}x^2}\,[n\,(x) - n_p] = \frac{1}{D_n\,\tau_n}\,[n\,(x) - n_p]. \tag{3.13}$$

Mit einer „Diffusionslänge L_n der Elektronen im p-Gebiet"

$$L_n = \sqrt{D_n\,\tau_n} = \sqrt{D_n/r\,p_p} \tag{3.14}$$

kommt schließlich

$$\frac{\mathrm{d}^2}{\mathrm{d}x^2}\,[n\,(x) - n_p] = \frac{1}{L_n{}^2}\,[n\,(x) - n_p]. \tag{3.15}$$

Diejenige Lösung dieser Differentialgleichung, die für den nach links hin ver-sickernden Elektronenstrom paßt, lautet

$$n\,(x) = n_p + C\,\mathrm{e}^{+\,(x-x_p)/L_n}. \tag{3.16}$$

Für den in Abb. 3.3 aufgetragenen Logarithmus der Konzentration ergibt sich also ein gradliniger Abfall nach links hin, solange $n\,(x)$ noch groß gegen seinen Gleichgewichtswert n_p ist. Für die Neigung dieser Geraden ist die Diffusions-länge L_n maßgebend, und zwar derart, daß die Konzentration $n\,(x)$ auf einer Länge L_n um eine e-Potenz abnimmt (Abb. 3.3).

Wir wollen jetzt den von diesem Diffusionsschwanz geführten Strom berech-nen. Aus (3.16) ergibt sich

$$-D_n\,n'\,(x) = -\frac{D_n}{L_n}\,C\,\mathrm{e}^{(x-x_p)/L_n} = -\frac{D_n}{L_n}\,[n\,(x) - n_p]. \tag{3.17}$$

Wir haben also am Punkte $x = x_p$ für den von Elektronen getragenen Anteil i_n der Gesamtstromdichte i_{Du}

$$i_n\,(x_p) = -\frac{(-e)\,D_n}{L_n}\,[n\,(x_p) - n_p] = +\frac{e\,D_n}{L_n}\,[\cdots]. \tag{3.18}$$

Zur Kennlinienberechnung müssen wir die Konzentrationsanhebung $n\,(x_p) - n_p$ am Anfang $x = x_p$ des linken elektronischen Diffusionsschwanzes (Abb. 3.3) als Funktion der an den $p\,n$-Übergang gelegten Spannung U_{Du} ermitteln:

$$n\,(x_p) - n_p = f(U_{Du}). \tag{3.19}$$

---

[2] „Injektion bleibt schwach" heißt also *nicht* $n - n_p \ll n_p$ (*Minoritäts*trägerdichte). Die For-derung ist viel weniger einschneidend, nämlich nur $n \ll p_p$ (*Majoritäts*trägerdichte).

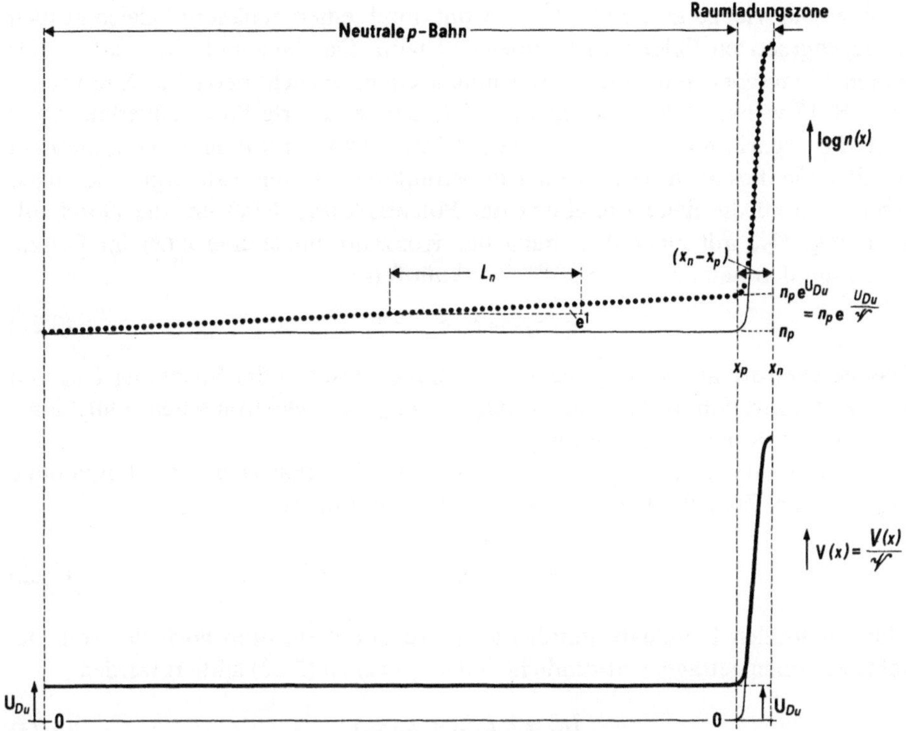

Abb. 3.3 Die neutrale p-Bahn ist dick gegenüber der dünnen Raumladungszone. Die Konzentration n ist bei x_p auf den Wert $n_p \exp(U_{Du}/\mathscr{V})$ angehoben

Für die Beantwortung dieser Frage muß die Shockleysche Voraussetzung der „geringen" Rekombination präzisiert werden. Geringe Rekombination bedeutet einen kleinen Wiedervereinigungskoeffizienten und damit nach (3.11) große Lebensdauer τ_n und nach (3.14) große Diffusionslänge L_n. Die Forderung der „geringen" Rekombination läuft nun darauf hinaus, daß die Diffusionslänge L_n groß gegen die Breite $x_n - x_p$ der Raumladungszone sein soll. Für deren Abmessungen sind aber nach S. 19 die Debye-Längen x_{0n} und x_{0p} des n- und des p-Gebietes maßgebend. Die Bedingungen für das Zurücktreten der Rekombination lauten also schließlich:

$$L_n \gg x_{0n}; \qquad L_n \gg x_{0p};$$
$$L_p \gg x_{0n}; \qquad L_p \gg x_{0p}. \tag{3.20}$$

Die so präzisierte Forderung nach „geringer" Rekombination hat sehr einschneidende Folgen. Innerhalb der schmalen Raumladungszone $x_n - x_p$ fällt die Elektronenkonzentration um mehrere bzw. viele e-Potenzen, innerhalb einer großen Diffusionslänge L_n des Diffusionsschwanzes dagegen nur um eine e-Potenz (Abb. 3.3). Der Konzentrationsgradient und damit der Diffusionsstrom muß also beim Übergang vom Diffusionsschwanz zur Raumladungszone enorm ansteigen (Abb. 3.3). Der von Elektronen getragene Stromdichteanteil i_n soll sich dabei aber praktisch nicht ändern. Das ist nur möglich, wenn der in der Raumladungszone viel zu große Diffusionsstrom durch einen annähernd gleich großen entgegengesetzten Feldstrom kompensiert wird. Das bedeutet aber, daß in der Raumladungszone annäherndes Boltzmann-Gleichgewicht herrscht. Daraus folgt nach S. 17 weiter, daß zwischen x_n und x_p der reduzierte Potentialverlauf $V(x)$ und die logarithmisch aufgetragene Elektronenkonzentration $n(x)$ kongruent werden. Da dies auch schon vorher im stromlosen Zustand galt, ergibt sich nach Abb. 3.3, daß die linke Anhebung der Potentialkurve $V(x)$ um die Durchlaßspannung U_{Du} mit einer Anhebung der Konzentrationskurve $n(x)$ im Punkte $x = x_p$ um den Faktor $e^{U_{Du}} = e^{U_{Du}/\mathscr{V}}$ verknüpft ist:

$$n(x_p) = n_p\, e^{+\,U_{Du}/\mathscr{V}}. \tag{3.21}$$

Das ist aber die auf S. 26 gesuchte Beziehung zwischen der Spannung U_{Du} und der Konzentration $n(x_p)$ am Anfang $x = x_p$ des elektronischen Diffusionsschwanzes („Randkonzentration").

Die Kennliniengleichung $i_{Du} = f(U_{Du})$ des pn-Übergangs ergibt sich nun ohne große Mühe. Zunächst wird (3.21) mit (3.18) kombiniert:

$$i_n(x_p) = \frac{e\,D_n}{L_n}\, n_p\, (e^{+\,U_{Du}/\mathscr{V}} - 1). \tag{3.22}$$

Um zur totalen Durchlaßstromdichte i_{Du} zu kommen, muß noch der von Defektelektronen getragene Stromdichteanteil $i_p(x_p)$ zu (3.22) addiert werden:

$$i_{Du} = i_n(x_p) + i_p(x_p)\,. \tag{3.23}$$

Dieser Stromdichteanteil i_p hat aber im Punkt $x = x_p$ im wesentlichen denselben Wert wie im Punkt $x = x_n$, da die Rekombination innerhalb der Übergangszone zu vernachlässigen sein soll:

$$i_p(x_p) = i_p(x_n). \tag{3.24}$$

Analog zu (3.22) gilt aber

$$i_p(x_n) = \frac{e\,D_p}{L_p}\, p_n\, (e^{+\,U_{Du}/\mathscr{V}} - 1). \tag{3.25}$$

(3.23) zusammen mit (3.22), (3.24) und (3.25) ergibt dann die Kennliniengleichung

$$i = e\left(\frac{D_n\, n_p}{L_n} + \frac{D_p\, p_n}{L_p}\right)(e^{+\,U_{Du}/\mathscr{V}} - 1) = i_S\,(e^{+\,U_{Du}/\mathscr{V}} - 1) \tag{3.26}$$

bzw. in Sperrichtung

$$i = e\left(\frac{D_n\, n_p}{L_n} + \frac{D_p\, p_n}{L_p}\right)(1 - e^{-\,U_{Sp}/\mathscr{V}}) = i_S\,(1 - e^{-\,U_{Sp}/\mathscr{V}})\,. \tag{3.27}$$

Wir erhalten also für den Shockleyschen pn-Übergang mit geringer Rekombination dieselbe Exponentialkennlinie, wie sie C. Wagner schon im Jahre 1931 publiziert hat [3].

---

[3] Wagner, C.: Phys. Z. 32 (1931) 641.

In Sperrichtung zeigt der Strom Sättigungscharakter mit einer Sättigungsstromdichte

$$i_S = e \left(\frac{D_n \, n_p}{L_n} + \frac{D_p \, p_n}{L_p} \right). \tag{3.28}$$

Mit (3.14) kann hierfür auch geschrieben werden

$$i_S = e \left(\frac{D_n}{L_n^2} \, n_p \, L_n + \frac{D_p}{L_p^2} \, p_n \, L_p \right) = e \, (r \, p_p \, n_p \, L_n + r \, n_n \, p_n \, L_p) \tag{3.29}$$

und mit dem Massenwirkungsgesetz (1.3) schließlich

$$i_S = e \, r \, n_i^2 \, (L_n + L_p). \tag{3.30}$$

Diese Sättigungsstromdichte i_S entsteht formal also dadurch, daß die volle
(durch keine Rekombination geschwächte) Neuerzeugung $r \, n_i^2$ rechts und links
von der jeweiligen Dotierungsgrenze ab bis zu einer Tiefe L_n bzw. L_p nach
außen abgesaugt wird. In Wirklichkeit wird natürlich nur der Überschuß der
Neuerzeugung $r \, n_i^2$ über die Rekombination $r \, n \, p$ abgeführt, aber dafür nicht
nur bis zu einer Tiefe L_n und L_p, sondern aus der vollen Länge der beiden sich
ins Unendliche erstreckenden Diffusionsschwänze.

Aus diesen Ausführungen ist hervorgegangen, daß der physikalische Grund
für die Richtwirkung eines pn-Gleichrichters mit großer Diffusionslänge jetzt
nicht mehr nur in den Verwehungseffekten der Trägerkonzentration innerhalb der
Übergangszone zu suchen ist. Die eigentliche Übergangszone, in der die Trägerdichte ungefähr gleich der Inversionsdichte n_i ist, ist ja für die Größe des wirklich fließenden Stroms gar nicht mehr entscheidend, sondern schafft diese Ströme mühelos durch geringfügige Abweichungen vom Boltzmann-Gleichgewicht[4].
Entscheidend ist vielmehr die Stromergiebigkeit der Diffusionsschwänze der
Minderheitsträger. Die Stromergiebigkeit eines Diffusionsschwanzes ist aber für
die beiden Stromrichtungen kraß verschieden (Abb. 3.4). In der einen Richtung
sind die erforderlichen Konzentrationsanhebungen unbegrenzt möglich, und es
können infolgedessen beliebig große Ströme geführt werden. Die für die andere
Stromrichtung erforderliche Konzentrationsabsenkung hat aber sehr schnell eine
Grenze in der einfachen Tatsache, daß die Konzentration am Anfang des Diffusionsschwanzes nicht weiter als bis auf den Wert Null abgesenkt werden kann.
So wird die Absättigung des Stroms bei Polung in Sperrichtung wohl auch anschaulich verständlich.

Am Schluß dieser Behandlung des pn-Übergangs mit geringer Rekombination
wollen wir noch einmal an den Anfang zurückkehren und den entscheidenden
Punkt, nämlich den Diffusionscharakter des Minoritätsträgerstroms, etwas genauer begründen, als dies auf S. 24 geschah.

In Abb. 3.5 sind ganz oben die Richtung und die Stärke des elektrischen
Feldes als Kraftlinienbild angedeutet. Darunter sind die Konzentrationsverläufe
p und n gezeichnet. In der dritten Reihe ist das exponentielle Versickern der Defektelektronenstromdichte i_p in der rechten n-Bahn und umgekehrt das Versik-
kern von i_n in der linken p-Bahn dargestellt. In der vorletzten Zeile ist die Elek-

---

[4] Wenigstens in Durchlaßrichtung! Wegen der Sperrichtung siehe Abschn. 4.

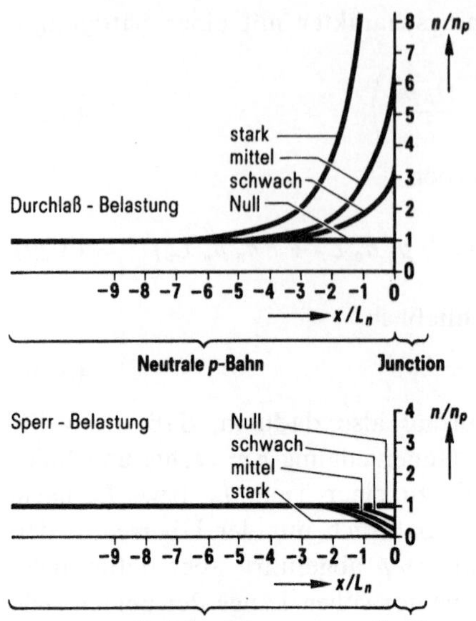

Abb. 3.4. Konzentrationsverlauf der Elektronen im Diffusionsschwanz in der neutralen p-Bahn. Lineare Auftragung!

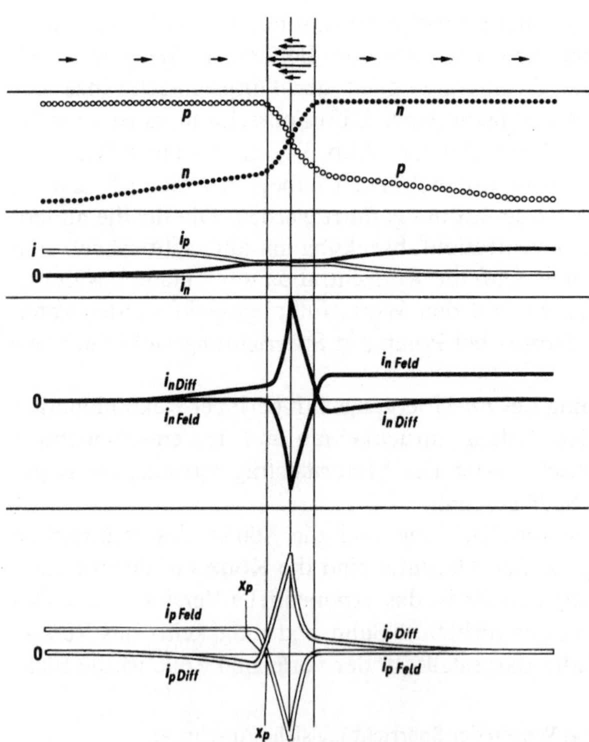

Abb. 3.5. Die Minoritätsträgerströme i_n (links) und i_p (rechts) haben im wesentlichen Diffusionscharakter

tronenstromdichte i_n in ihren Feldanteil $i_{n\,\text{Feld}}$ und ihren Diffusionsanteil $i_{n\,\text{Diff}}$ aufgeteilt. In der letzten Zeile erfolgt das gleiche für die Defektelektronenstromdichte i_p.

Nach der bisherigen Begründung des Diffusionscharakters des Minoritätsträgerstroms kann der Eindruck entstanden sein, daß der Majoritätsträgerstrom umgekehrt ein reiner Feldstrom ist. Das stimmt nicht, in Wirklichkeit sind die Dinge etwas verwickelter.

Im linken „Bahngebiet" $x < x_p$ herrscht Neutralität, was genaugenommen nicht $p = n_{A^-}$, sondern

$$p(x) = n_{A^-} + n(x) \tag{3.31}$$

erfordert. Der Summand $n(x)$ ist für den Betrag von p recht unwesentlich, aber für den Gradienten von p folgt aus (3.31)

$$p'(x) = n'(x). \tag{3.32}$$

Dann sind aber die Diffusionsstromdichten

$$i_{p\,\text{Diff}} = (+e)\,[-D_p\,p'(x)]; \qquad i_{n\,\text{Diff}} = (-e)\,[-D_n\,n'(x)] \tag{3.33}$$

der Defektelektronen und der Elektronen entgegengesetzt gleich; denn wegen der Nernst-Townsend-Einstein-Beziehung (1.13) werden bei gleicher Beweglichkeit $\mu_n = \mu_p$ auch die Diffusionskoeffizienten D_n und D_p einander gleich. In der Bilanz der Gesamtstromdichte

$$i_{Du} = i_{p\,\text{Feld}} + i_{p\,\text{Diff}} + i_{n\,\text{Feld}} + i_{n\,\text{Diff}} \tag{3.34}$$

kompensieren sich also die Diffusionsanteile gegenseitig, und es bleibt

$$i_{Du} = i_{p\,\text{Feld}} + i_{n\,\text{Feld}} = e\,\mu\,[p(x) + n(x)]\,\vec{E}(x). \tag{3.35}$$

Nun ist im p-Gebiet trotz der Anhebung der Minoritätsträgerkonzentration

$$n(x) \ll p(x), \tag{3.36}$$

jedenfalls so lange die Injektion „schwach" ist. Deshalb ist auf der rechten Seite von (3.35) der erste Summand $e\,\mu\,p(x)\,\vec{E}(x)$ bei weitem vorherrschend:

$$i_{p\,\text{Feld}} \approx i_{Du}, \tag{3.37}$$

$$i_{n\,\text{Feld}} \ll i_{Du}. \tag{3.38}$$

An der Stelle $x = x_p$ soll aber nach S. 24 die Elektronenstromdichte den halben Gesamtstrom führen:

$$i_{n\,\text{Feld}} + i_{n\,\text{Diff}} = +\frac{1}{2}\,i_{Du}. \tag{3.39}$$

Aus (3.38) und (3.39) folgt

$$i_{n\,\text{Diff}} \approx +\frac{1}{2}\,i_{Du}. \tag{3.40}$$

Dies ist die Erkenntnis, die wir von S. 24 bis S. 29 für die Kennlinienberechnung brauchten.

Nur der Übersicht halber stellen wir die Werte (3.37), (3.38) und (3.40) aller 4 Stromdichteanteile bei $x = x_p$ noch einmal zusammen, wobei wir davon Gebrauch machen, daß wir nach (3.33) festgestellt haben, daß die Diffusionsstromdichten der Elektronen und der Defektelektronen entgegengesetzt gleich sind:

Majoritätsträger   Minoritätsträger

$i_{p\,\text{Feld}} = +\,i_{Du}$ $i_{n\,\text{Feld}} \ll i_{Du}$

$i_{p\,\text{Diff}} = -\,\dfrac{1}{2}\,i_{Du}$ $i_{n\,\text{Diff}} = +\,\dfrac{1}{2}\,i_{Du}$

$i_p\quad = +\,\dfrac{1}{2}\,i_{Du}$ $i_n\quad = +\,\dfrac{1}{2}\,i_{Du}$

$$(3.41)$$

4 Kritische Betrachtung des Boltzmann-Gleichgewichts

Bei der Kennlinienberechnung in Abschn. 3 wurde in der Raumladungszone annähernd das Boltzmann-Gleichgewicht angesetzt. Dieses „annähernde" Gleichgewicht ist in seiner Unbestimmtheit kein „schöner Zug" der Theorie. Jedenfalls sieht man im Sperrfall sofort, daß diese Annahme in gewissen Teilen der Raumladungszone auch nicht annähernd erfüllt sein kann. Abbildung 2.5 zeigt nämlich, daß die im Sperrfall abgesenkten Minoritätsträgerkonzentrationen an den beiderseitigen Grenzen zwischen den Diffusionsschwänzen und der Raumladungszone Minima durchlaufen müssen. Dort verschwinden die Diffusionsströme also, und der Sperrstrom muß allein vom Feldstrom bewältigt werden. Von einer annähernden Kompensation von Feld- und Diffusionsstrom kann zumindesten an diesen Stellen nicht die Rede sein.

Einen genaueren Überblick in die Rollenverteilung zwischen Feld- und Diffusionsstrom gewinnt man mit vergleichsweise einfachen Mitteln, wenn man wie bisher die Neuerzeugung in der Raumladungszone vernachlässigt. Dann muß die Summe von Feld- und Diffusionsstrom ortsunabhängig sein:

$$(-e\,D_n) \cdot \left(-\frac{\mathrm{d}}{\mathrm{d}x}\,n\,(x)\right) + e\,\mu_n\,\vec{E}\,(x)\,n\,(x) = -i_{n\,Sp} \qquad (4.1)$$

Hierbei ist

$$i_{n\,Sp} > 0\,. \qquad (4.2)$$

Mit der Nernst-Townsend-Einstein-Beziehung (1.13)

$$D_n = \mu_n\,\mathscr{V} \qquad (4.3)$$

und mit

$$\vec{E}\,(x) = -\frac{\mathrm{d}V}{\mathrm{d}x} \qquad (4.4)$$

wird daraus

$$+e\,\mu_n\,\mathscr{V}\,\frac{\mathrm{d}n}{\mathrm{d}x} - e\,\mu_n\,\frac{\mathrm{d}V}{\mathrm{d}x}\,n\,(x) = -i_{n\,Sp} = \text{const.} \qquad (4.5)$$

Hierin sind unbekannt 1. der Potentialverlauf $V(x)$ und 2. der Konzentrationsverlauf $n\,(x)$. Für den Potentialverlauf $V(x)$ werden wir später die Schottkysche Parabelnäherung einsetzen. Dann ist (4.5) eine recht einfache Differentialgleichung erster Ordnung für den Konzentrationsverlauf $n(x)$. Bevor wir die Lösung angeben, machen wir die Rechnung übersichtlicher durch die Einführung reduzierter Größen:

$$\frac{x}{x_0} = x, \quad x_0 = \text{Debye-Länge} \tag{4.6}$$

$$\frac{n(x)}{n_n} = n(x), \tag{4.7}$$

$$\frac{V(x)}{\mathscr{V}} = V(x), \tag{4.8}$$

$$\frac{i_{n\,Sp}}{e\,\mu_n\,n_n\,\dfrac{\mathscr{V}}{x_0}} = i_{n\,Sp}. \tag{4.9}$$

Die Differentialgleichung (4.5) für die Konzentrationsverteilung $n(x)$ nimmt jetzt die übersichtlichere Form

$$\frac{dn}{dx} - \frac{dV}{dx}\,n = -\,i_{n\,Sp} \tag{4.10}$$

an. Sie hat die Lösung

$$n(x) = e^{V(x)} + i_{n\,Sp} \int_{\xi=x}^{\xi=1} \exp\left[V(x) - V(\xi)\right] d\xi. \tag{4.11}$$

Die Größe

$$l = \frac{l}{x_0} \tag{4.12}$$

ist die reduzierte halbe Raumladungsbreite [s. später (4.25) und (4.26)]. Im ersten Summanden erkennt man die Boltzmann-Verteilung – natürlich in reduzierter Schreibweise! Der zweite Summand liefert eine Abweichung davon, aber nur, wenn die Stromdichte

$$i_{n\,Sp} \neq 0$$

ist.

Bisher haben wir nur die physikalische Feststellung ausgewertet, daß bei Vernachlässigung der Neuerzeugung die Summe von Diffusions- und Feldstromdichte ortsunabhängig sein muß. Für den Fortgang der Rechnung brauchen wir eine weitere physikalische Aussage. Sie besteht darin, daß am linken *Ende*

$$x = x_p = -1 \tag{4.13}$$

der Raumladungszone die Stromdichte i_n von heran*diffundierenden* Elektronen angeliefert wird; daraus ergab sich (3.18):

$$i_n(x_p) = \frac{e\,D_n}{L_n}\left[n(x_p) - n_p\right] = -i_{n\,Sp}.$$

Mit einer reduzierten Diffusionslänge

$$L_n = \frac{L_n}{x_0} \tag{4.14}$$

wird daraus

$$i_n(x_p) = \frac{1}{L_n}[n(x_p) - n_p] = -i_{n\,Sp}. \tag{4.15}$$

Hieraus entnehmen wir für die Randkonzentration $n(x_p) = n(-l)$ der Elektronen

$$n(-l) = n_p - L_n\,i_{n\,Sp}. \tag{4.16}$$

Dieser Konzentrationswert muß sich andererseits für $x = -l$ auch aus der Lösung (4.11) ergeben:

$$n_p - L_n\,i_{n\,Sp} = e^{V(-l)} + i_{n\,Sp}\int_{\xi=-l}^{\xi=+l}\exp[V(-l) - V(\xi)]\,d\xi. \tag{4.17}$$

Wir lösen nach der bisher unbekannten Stromdichte auf:

$$i_{n\,Sp} = \frac{n_p}{L_n}\;\frac{1 - \dfrac{1}{n_p}\,e^{+V(-l)}}{1 + \dfrac{1}{L_n}\displaystyle\int_{\xi=-l}^{\xi=+l}\exp[V(-l) - V(\xi)]\,d\xi}. \tag{4.18}$$

Für den Fortgang der Überlegungen brauchen wir nach Vernachlässigung der Neuerzeugung in der Raumladungszone und nach der Stromergiebigkeit (3.18) des Diffusionsschwanzes im Neutralgebiet eine dritte physikalische Aussage. Sie besteht natürlich darin, daß wir die Sperrspannung U_{sp} ins Spiel bringen, indem wir feststellen, daß durch das Anlegen der Sperrspannung U_{Sp} der Potentialabfall in der Raumladungszone von V_D auf $V_D + U_{Sp}$ vergrößert worden ist:

$$V(-l) = -(V_D + U_{Sp}) \tag{4.19}$$

oder in reduzierten Größen

$$V(-l) = -(V_D + U_{Sp}). \tag{4.20}$$

Die Gleichgewichtsdichte

$$n_p = n_n\,e^{V_D/\mathscr{V}} \tag{4.21}$$

schreibt sich mit (4.7) und (4.8) in reduzierten Größen

$$n_p = e^{-V_D}. \tag{4.22}$$

Der zweite Term im Zähler von (4.18) wird also mit (4.20) und (4.22)

$$\frac{1}{n_p}\,e^{+V(-l)} = e^{+V_D}\cdot e^{-(V_D + U_{Sp})} = e^{-U_{Sp}}. \tag{4.23}$$

Damit gewinnt (4.18) langsam die Gestalt einer Stromspannungskennlinie:

$$i_{n\,Sp} = \frac{n_p}{L_n}\,(1 - e^{-U_{Sp}})\;\frac{1}{1 + \dfrac{1}{L_n}\displaystyle\int_{\xi=-l}^{\xi=+l}\exp[V(-l) - V(\xi)]\,d\xi}. \tag{4.24}$$

Die beiden ersten Faktoren sind die Wagnersche Kennliniengleichung (3.27). Sie ist also durch die genauere Untersuchung des „annähernden" Boltzmann-Gleichgewichts in der Raumladungszone um einen Korrekturfaktor

$$\left\{ 1 + \frac{1}{L_n} \int\limits_{\xi=-1}^{\xi=+1} \exp\left[V(-1) - V(\xi)\right] d\xi \right\}^{-1}$$

ergänzt worden. Um diesen Korrekturfaktor auswerten zu können, muß eine vierte physikalische Aussage gemacht werden: Wir vernachlässigen in der Raumladungszone die Ladung der Minoritätsträger und setzen für den Potentialverlauf V(x) in der Raumladungszone die Schottkysche Parabelnäherung an (Abb. 4.1), schreiben also

$$V(x) = \begin{cases} -\dfrac{1}{2}(1-x)^2 & \text{für} \quad 0 < x < +1 & (4.25) \\[2ex] -1^2 + \dfrac{1}{2}(1+x)^2 & \text{für} \quad -1 < x < 0. & (4.26) \end{cases}$$

Damit in der Mitte $x = 0$ der richtige Wert $-(V_D + U_{sp})/2$ erreicht wird, muß

$$\frac{1}{2}(V_D + U_{Sp}) = \frac{1}{2}1^2 \tag{4.27}$$

oder

$$1 = \sqrt{V_D + U_{Sp}} \tag{4.28}$$

gemacht werden. Mit (4.25) und (4.26) ergibt sich für das in dem Korrekturfaktor auftretende Integral

$$\int\limits_{\xi=-1}^{\xi=+1} [\cdots] d\xi = \sqrt{\frac{\pi}{2}}\, \Phi\left(\frac{1}{\sqrt{2}}1\right) + \sqrt{2}\, e^{-1^2} y\left(\frac{1}{\sqrt{2}}1\right) \tag{4.29}$$

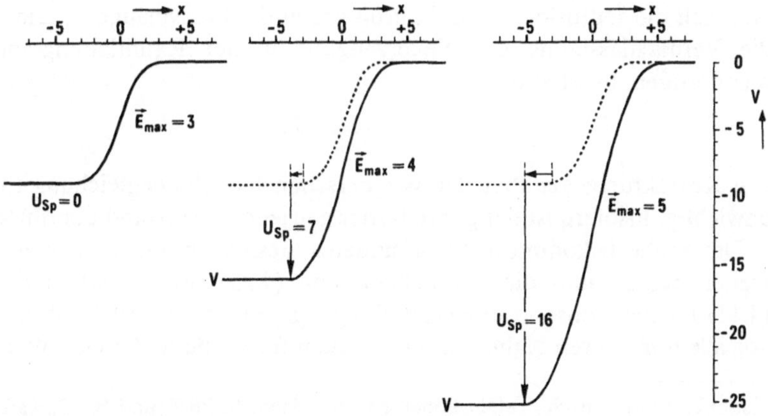

Abb. 4.1. Schottkysche Parabelnäherungen, steigende Sperrspannungen

Hierbei ist $\Phi(x)$ das Fehlerintegral

$$\Phi(x) = \sqrt{\frac{2}{\pi}} \int\limits_{\xi=0}^{\xi=x} e^{-\xi^2}\, d\xi = \begin{cases} \dfrac{2}{\sqrt{\pi}}\, x & \text{für}\quad x \ll 1 \\[2ex] 1 - \dfrac{1}{\sqrt{\pi}}\,\dfrac{e^{-x^2}}{x} & \text{für}\quad x \gg 1. \end{cases} \qquad (4.30)$$

Das Integral

$$y(x) = \int\limits_{\xi=0}^{\xi=x} e^{+\xi^2}\, d\xi = \begin{cases} x & \text{für}\quad x \ll 1 \\[2ex] \dfrac{1}{2}\,\dfrac{e^{+x^2}}{x} & \text{für}\quad x \gg 1 \end{cases} \qquad (4.31)$$

ist eine Funktion, die sich im wesentlichen ergibt, wenn das Argument des Fehlerintegrals rein imaginäre Werte hat. Für beide Funktionen stehen z. B. im Werk von Jahnke-Emde-Lösch [5] ausreichende Tabellen zur Verfügung. Für die Kennliniengleichung (4.24) bringt die Aussage (1.26.1) zusammen mit der Gleichung (4.28) eine wesentliche Vereinfachung: Die halbe reduzierte Breite l der Raumladungszone ist groß gegen 1, und für die Funktionen $\Phi\left(\dfrac{1}{\sqrt{2}}\,l\right)$ und $y\left(\dfrac{1}{\sqrt{2}}\,l\right)$ können die obigen Näherungsausdrücke für große Werte des Arguments verwendet werden. Man erhält schließlich

$$\int\limits_{\xi=-1}^{\xi=+1} [\,\cdots\,]\, d\xi = \sqrt{\frac{\pi}{2}}$$

Als korrigierte Kennliniengleichung ergibt sich

$$i_{n\,Sp} = \frac{n_p}{L_n}\,(1 - e^{-U_{Sp}})\,\frac{1}{1 + \dfrac{1}{L_n}\sqrt{\dfrac{\pi}{2}}} = \frac{n_p}{L_n + \sqrt{\dfrac{\pi}{2}}}\,(1 - e^{-U_{Sp}}). \qquad (4.32)$$

Nun soll die Diffusionslänge L_n groß gegen die Debyelänge x_0 sein – sonst wäre die Vernachlässigung der Neuerzeugung in der Raumladungszone nicht zu rechtfertigen. Es ist also

$$L_n \gg 1. \qquad (4.33)$$

Die Korrektur gegenüber der Wagnerschen Kennliniengleichung (3.27) ist also unwichtig. Insofern ist der ganze bisher getriebene Aufwand überflüssig.

Die Sache bekommt aber ein anderes Gesicht, wenn wir den Aufwand noch weiter treiben und die Parabelnäherung (4.25) und (4.26) in die Gleichung (4.11) für die Konzentrationsverteilung $n(x)$ einsetzen. Mit (4.30) und (4.31) und vor allem mit ihren Näherungsausdrücken für große und kleine Werte des Argu-

---

[5] Jahnke-Emde-Lösch: Tafeln höherer Funktionen; S. 26 ff. und S. 32, Tafel 8. Stuttgart: Teubner 1960.

ments ergibt sich dann schließlich in der linken Hälfte der Raumladungszone

$$n(x) = e^{V(x)} + i_{n\,Sp} \sqrt{\frac{\pi}{2}} \left\{ 1 - \Phi\left(\frac{1+x}{\sqrt{2}}\right)\right\} e^{+\frac{1}{2}(1+x)^2} \qquad (4.34)$$

mit den Näherungen

$$n(x) \approx e^{V(x)} + i_{n\,Sp} \left\{ \sqrt{\frac{\pi}{2}} - (1+x)\right\} \quad \text{für} \quad x \to -1 \qquad (4.35)$$

und

$$n(x) \approx e^{V(x)} + \frac{i_{n\,Sp}}{1+x} \qquad \text{für} \quad x \to 0. \qquad (4.36)$$

In der rechten Hälfte $0 < x < +1$ der Raumladungszone erhält man

$$n(x) = e^{V(x)} + i_{n\,Sp} \sqrt{2}\; e^{-\frac{1}{2}(1-x)^2} y\left(\frac{1-x}{\sqrt{2}}\right) \qquad (4.37)$$

mit den Näherungen

$$n(x) \approx e^{V(x)} + \frac{i_{n\,Sp}}{1-x} \qquad \text{für} \quad x \to 0 \qquad (4.38)$$

und

$$n(x) \approx e^{V(x)} + i_{n\,Sp}(1-x) \quad \text{für} \quad x \to +1. \qquad (4.39)$$

Hiermit sind die Abb. 4.2 und 4.3 gezeichnet worden. Um „schöne" Bilder zu bekommen, wurden die Werte

$$V_D = 9 \qquad (4.40)$$

$$l = 3 \qquad (4.41)$$

$$L_n = e^7 = 1{,}097 \cdot 10^{+3} \qquad (4.42)$$

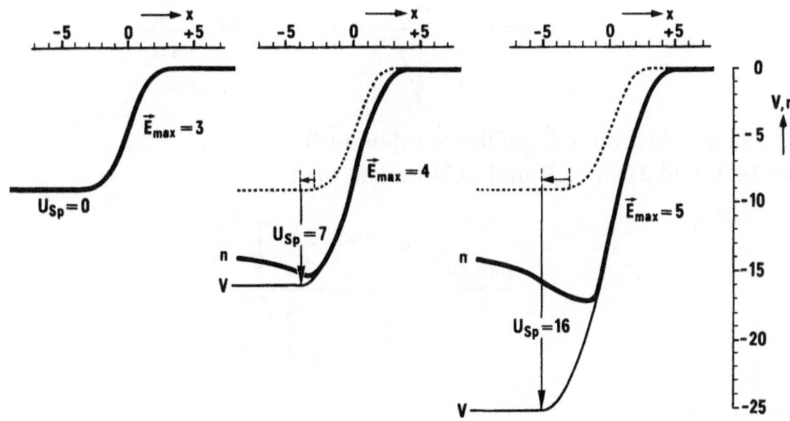

Abb. 4.2. Steigende Sperrbelastung. Die Konzentration n weicht sehr bald vom Potentialverlauf V ab

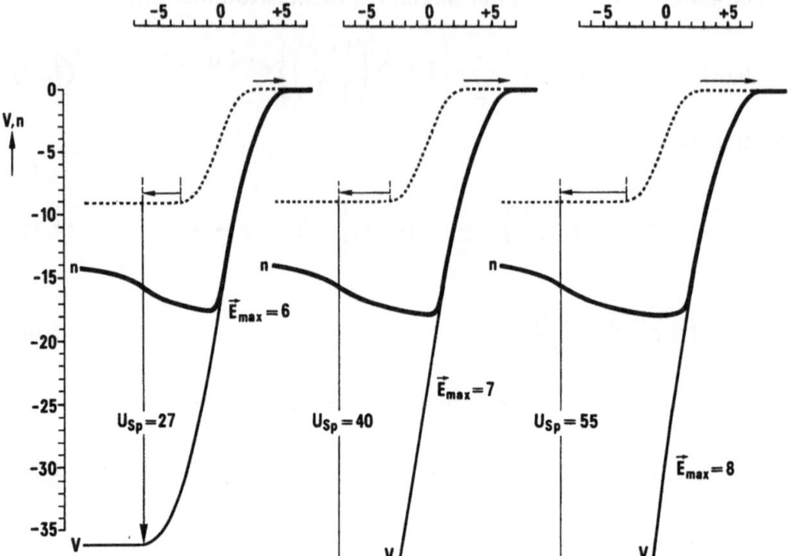

Abb. 4.3. Weiter steigende Sperrbelastung. Die Konzentration weicht immer stärker vom Potentialverlauf V ab

zugrunde gelegt. Hiervon ist der letzte Wert – die Diffusionslänge L_n ca. 1000mal größer als die Debye-Länge x_0 – vielleicht etwas übertrieben. Zum „Realitätswert" dieser Bilder und der ganzen Betrachtungen später mehr.

Zunächst wird sehr deutlich, daß mit wachsender Sperrspannung U_{Sp} die Konzentration n (x) den Absturz des Potentialverlaufs V (x) immer weniger mitmacht. Die Feldstärke $\vec{E} = \vec{E}/(\mathscr{V}/x_0)$ steigt dabei so langsam [6], daß die Konzentration gar nicht mehr *größenordnungsmäßig* kleiner werden kann, wenn im Konzentrationsminimum der Sperrstrom (4.32)

$$i_{n\,Sp} = \frac{n_p}{L_n + \sqrt{\dfrac{\pi}{2}}}\,(1 - e^{-U_{Sp}}) \approx \frac{n_p}{L_n} \tag{4.43}$$

als reiner Feldstrom n $\vec{E}$ geführt werden muß.
Mit (4.35), (4.32), (4.22) und (4.20) erhält man

$$\frac{n(-1)}{n_p} = \frac{e^{-U_{Sp}} + \dfrac{1}{L_n}\sqrt{\dfrac{\pi}{2}}}{1 + \dfrac{1}{L_n}\sqrt{\dfrac{\pi}{2}}}, \tag{4.44}$$

---

[6] Für $|\vec{E}|_{max}$ ergibt sich nach (4.25) oder (4.26) und nach (4.28)
$$|\vec{E}|_{max} = V'(0) = 1 = \sqrt{V_D + U_{Sp}}\,.$$

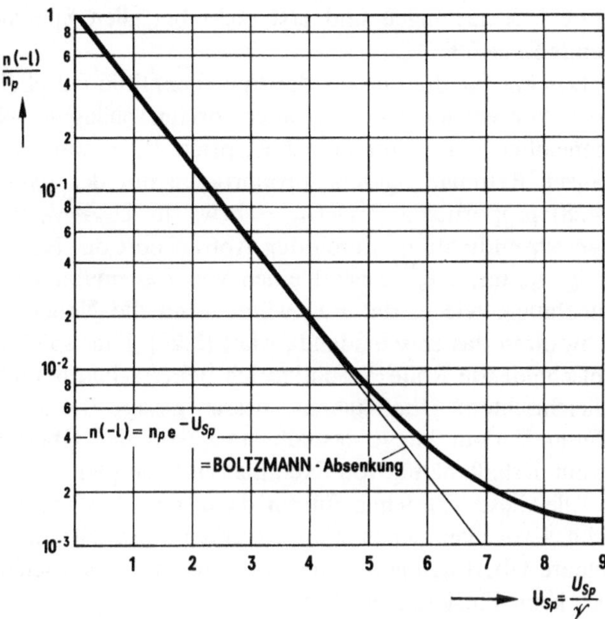

Abb. 4.4 Das Absinken des Randwertes n (−l) mit steigender Sperrspannung U_{Sp}

was mit dem Wert (4.42) in Abb. 4.4 ausgewertet worden ist. Man sieht, daß n (−l) die Boltzmann-Absenkung nur bis

$$U_{Sp} \approx \ln L_n \sqrt{\frac{2}{\pi}} \qquad (4.45)$$

mitmacht. Dann bleibt der Randwert konstant und wird

$$n(-l) \approx \frac{1}{L_n} \sqrt{\frac{\pi}{2}}\, n_p . \qquad (4.46)$$

Das Konzentrationsminimum sinkt noch ganz langsam weiter, weil die treibenden Feldstärken langsam größer werden.

Zusammenfassend darf also festgestellt werden, daß die Annahme „annähernden" Boltzmann-Gleichgewichts auch im Sperrfall bei der *Kennlinie* keine wesentlichen Fehler hervorruft. Die *Konzentrationen* weichen aber im Sperrfall sehr bald von der Boltzmann-Verteilung drastisch ab, weil der Strom immer mehr als reiner Feldstrom geführt werden muß.

Das Ziel des vorliegenden Abschn. 4 war es, die qualitativen Züge des Sperrfalls möglichst anschaulich darzustellen. Quantitativ allerdings sollte man diese Ergebnisse nicht auswerten. Schon die Annahme eines völlig symmetrischen pn-Übergangs trifft in der Praxis niemals zu. Die Beweglichkeiten μ_n und μ_p unterscheiden sich z. B. im Silizium um einen Faktor 3. Weiter kommt gleiche Dotierung im p - und im n-Gebiet in der Praxis nicht vor. Schließlich spielt im Silizium die Neuerzeugung innerhalb der Raumladungszone schon bei schwachen

Durchlaßbelastungen und erst recht bei allen Sperrbelastungen eine entscheidende Rolle [7-11].

Das hat für die Gestalt der Sperrkennlinie entscheidende Folgen. Setzt man eine konzentrations- und auch ortsunabhängige Neuerzeugung pro Volumeneinheit ein, wofür manches spricht [12], so wächst die Neuerzeugung in der ganzen Raumladungszone proportional mit der Länge dieser Zone, also nach (4.28) proportional $(V_D + U_{Sp})^{1/2}$ bzw. für $U_{Sp} \gg V_D$ proportional $U_{Sp}^{1/2}$. Da die Sperrstromdichte i_{Sp} durch den Abtransport der Neuerzeugung entsteht (S. 29), steigt i_{Sp} mit $U_{Sp}^{1/2}$ anstatt einen von U_{Sp} unabhängigen Sättigungswert i_S anzunehmen, wie es der Fall wäre, wenn die Neuerzeugung in den Diffusionsschwänzen das entscheidende wäre (3.28). Hier spielt auch die Temperatur eine entscheidende Rolle [11]. Schließlich beherrschen namentlich bei hochsperrenden Gleichrichtern Oberflächen-, besser gesagt Randeffekte die Sperrkennlinien. Deren Verlauf hängt deshalb stark von der Oberflächenbehandlung ab und streut deshalb häufig von Exemplar zu Exemplar.

Alle diese Tatsachen führen dazu, den Ausführungen des vorliegenden Abschn. 4 vor allem einen Wert als Erkenntnisquelle zuzumessen. Über ihre unmittelbare Übertragung auf die Realitäten der technischen Gleichrichter sollte man sich keine Illusionen machen.

5 Lange und kurze Bahngebiete. „Ideale" Elektroden

An der Grenze Halbleiter—Metall bei $x_n + d_n$ (Abb. 5.1) prägt das Metall dem Halbleiter eine Randkonzentration n_R auf, deren Wert sich nach einer Austrittsarbeit der Metallelektronen in das Halbleitergitter richtet. Im allgemeinen wird

$$n_R \neq n_n$$

sein, im stromlosen Fall (Abb. 5.1) sei z. B.

$$n_R = n_R^{(0)} < n_n.$$

Dazu gehört nach dem im stromlosen Fall gültigen Massenwirkungsgesetz (1.3)

---

[7] Diese Erkenntnis hat wohl zuerst McAfee gehabt. Siehe McKay K. G.; McAfee K. B.: Phys. Rev. 91 (1953) 1079, rechts unten. Siehe weiter Pearson, G. L.; Sawyer, B.: Proc. IRE 40 (1952) 1348, namentlich S. 1349, links unten.

[8] Kleinknecht, H.; Seiler, K.: Z. Phys. 139 (1954) 599, insbesondere S. 610 unten.

[9] Sah, C. T.; Noyce, R. N.; Shockley, W.: Proc. IRE 45 (1957) 1228.

[10] Bernhard, M.: J. Electron. 2 (1957) 579 − 596. In dieser Arbeit wird gezeigt, daß bei Temperaturen unterhalb von 60 °C auch in Germaniumgleichrichtern die Rekombination in der Raumladungszone gegenüber der Rekombination in den Diffusionsschwänzen überwiegt.

[11] Dannhäuser, F.: Solid-State Electron. 10 (1967) 361 − 365.

[12] Zum Beispiel die sog. Hall-Shockley-Read-Formel (siehe Spenke, E.: Elektronische Halbleiter, 2. Aufl., S. 473, Gl. XI 3.19. Berlin, Heidelberg, New York: Springer 1965.). Wann und in welchen Bauelementen der dieser Formel zugrundeliegende Rekombinationsmechanismus auch im einzelnen vorliegt, ist freilich nicht unbedingt sicher.

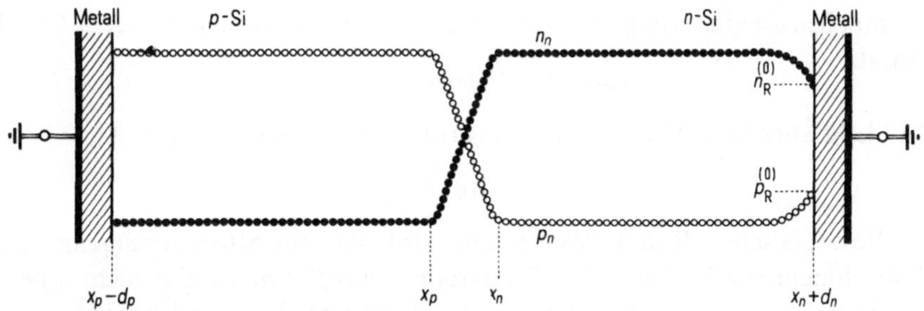

Abb. 5.1. pn-Struktur mit Elektroden. Stromloser Fall

eine Defektelektronenkonzentration

$$p_R^{(0)}=\frac{n_i^2}{n_R^{(0)}}>\frac{n_i^2}{n_n}=p_n.$$

Bei Durchlaßpolung (Abb. 5.2) werden Elektronen von der rechten Elektrode nach links abgezogen. Ist die Elektronennachlieferung aus der Metallelektrode nicht behindert, wird n_R den Wert $n_R^{(0)}$ behalten.

Bei behinderter Nachlieferung droht n_R abzusinken:

$$n_R< n_R^{(0)}.$$

Die Defektelektronendichte p_R wird aber ihren Gleichgewichtswert $p_R^{(0)}$ beibehalten, weil der von links kommende Defektelektronenstrom schon vor Erreichen der Metallelektrode im Diffusionsschwanz versickert ist:

$$p_R=p_R^{(0)}.$$

Mit einem Wiedervereinigungskoeffizienten r ergibt sich dann ein Neuerzeugungsüberschuß

$$r\,n_i^2-r\,n_R p_R^{(0)}=r(n_R^{(0)}p_R^{(0)}-n_R p_R^{(0)})=r\,p_R^{(0)}(n_R^{(0)}-n_R)>0.$$

Die Randkonzentration n_R würde dann so weit absinken, daß der Neuerzeugungsüberschuß $r\,p_R^{(0)}(n_R^{(0)}-n_R)$ das Nachlieferungsdefizit aus der Metallelektrode gerade wieder deckt. Nun wird r sehr hohe Werte haben, da das Halbleitergitter an der Grenze zum Metall stark gestört ist. Es ist also vernünftig anzunehmen, daß zur Deckung eines eventuellen Nachlieferungsdefizits schon eine minimale Absenkung $n_R^{(0)}-n_R$ genügt. Wir machen also unabhängig von einer

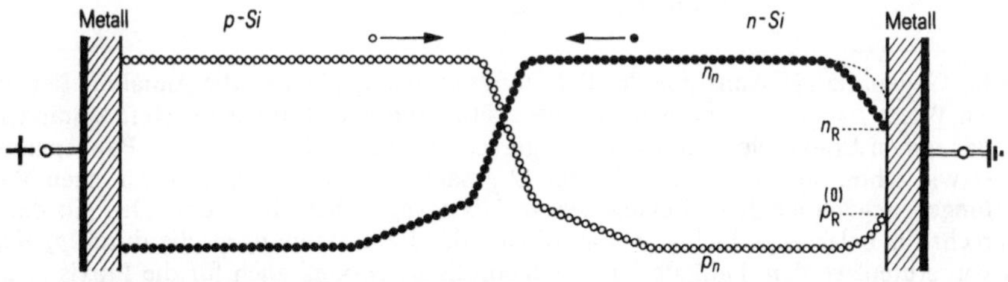

Abb. 5.2. pn-Struktur mit Elektroden. Durchlaßfall

eventuellen Behinderung der Nachlieferung von Elektronen aus dem Metall den Ansatz

$$n_R = n_R^{(0)} = \text{belastungs}u\text{nabhängig}.$$

Es bleibt aber nach Maßgabe der Austrittsarbeit Metall $\rightarrow$ Halbleiter

$$n_R^{(0)} < n_n.$$

Diese „falsche" Randkonzentration wird nun bei Stromdurchgang in die n-Bahn hineingeweht. Eine Metallelektrode mit $n_R^{(0)} < n_n$ ist also nicht „sperrfrei", sondern verursacht einen belastungsabhängigen Randschichtwiderstand, der zum Widerstand des pn-Übergangs hinzukommt.

Nun sorgt man in technischen Bauelementen für möglichst sperrfreie Kontakte, gegebenenfalls durch Wechsel des Elektrodenmaterials, so daß nicht eine Verarmungsrandschicht $n_R^{(0)} < n_n$, sondern eine Anreicherungsrandschicht $n_R^{(0)} > n_n$ entsteht.

Das rechnerisch einfachste und übersichtlichste Modell eines sperrfreien Kontaktes erhält man aber durch die Annahme

$$n_R^{(0)} = n_n = \text{belastungs}u\text{nabhängig}.$$

Mit diesem Modell einer „idealen" sperrfreien Elektrode wollen wir im folgenden die Verhältnisse in den neutralen Bahngebieten etwas genauer untersuchen. Wir machen also − jetzt für das *linke* p-Bahngebiet − die Ansätze [13]

$$p\,(x_p - d_p) = p_p, \tag{5.1}$$

$$n\,(x_p - d_p) = n_p, \tag{5.2}$$

und nach (3.21)

$$n\,(x_p) = n_p\,e^{+\,U/\mathscr{V}}. \tag{5.3}$$

Als Lösung der Diffusionsgleichung (3.15) darf dann nicht (3.16), sondern es muß

$$n(x) = n_p \left\{ 1 + (e^{U/\mathscr{V}} - 1) \cdot \sinh\left(\frac{x - x_p + d_p}{L_n}\right) \middle/ \sinh\frac{d_p}{L_n} \right\} \tag{5.4}$$

gewählt werden, womit sowohl die Randbedingungen (5.2) und (5.3) wie die Diffusionsgleichung (3.15) befriedigt wird, was man durch Verifikation bestätigt.

Aus (5.4) berechnet sich der Diffusionsstrom der Elektronen

$$i_n = e\,D_n\,n'(x_p) = e\,D_n\,\frac{n_p}{L_n}\,(e^{U/\mathscr{V}} - 1) \cdot \cosh\left(\frac{x - x_p + d_p}{L_n}\right) \middle/ \sinh\frac{d_p}{L_n} \,\bigg|_{x\,=\,x_p}$$

$$i_n = e\,D_n\,\frac{n_p}{d_p}\,\frac{d_p}{L_n}\,\coth\frac{d_p}{L_n}\,(e^{U/\mathscr{V}} - 1). \tag{5.6}$$

---

[13] Im Gegensatz zur Annahme der Belastungs*u*nabhängigkeit ist die Annahme der speziellen Werte $p_R = p_p$, $n_R = n_p$ zunächst nur als theoretisches Modell zur Herauspräparierung der reinen Effekte des pn-Übergangs gerechtfertigt. Freilich treten die Bahnspannungen − wie schon am Schluß von Abschn. 2 gesagt − in vernünftigen technischen Vorrichtungen gegenüber den Effekten des pn-Übergangs gänzlich zurück. Das gilt dann erst recht für belastungsabhängige Variationen der Bahnspannungen, die durch $p_R \neq p_p$ hervorgerufen werden. Deshalb hat das theoretische Modell auch für die Praxis doch eine gewisse Bedeutung.

42

An die Stelle von (3.26) tritt also schließlich als Endergebnis

$$i = e \left(\frac{D_n\,n_p}{d_p}\,\frac{d_p}{L_n}\,\coth\frac{d_p}{L_n} + \frac{D_p\,p_n}{d_n}\,\frac{d_n}{L_p}\,\coth\frac{d_n}{L_p} \right) (e^{U/\mathscr{V}} - 1). \qquad (5.7)$$

Wir betrachten jetzt noch die beiden Grenzfälle kurzer und langer Bahngebiete. Bei kurzen Bahngebieten

$$d_p \ll L_n; \qquad d_n \ll L_p \qquad (5.8)$$

wird

$$\coth\frac{d_p}{L_n} \approx \frac{L_n}{d_p}; \qquad \coth\frac{d_n}{L_p} \approx \frac{L_p}{d_n} \qquad (5.9)$$

und

$$i = e \left(\frac{D_n\,n_p}{d_p} + \frac{D_p\,p_n}{d_n} \right) (e^{U/\mathscr{V}} - 1). \qquad (5.10)$$

An die Stelle der Diffusionslängen L_n und L_p in (3.26) treten also einfach die Bahngebietsdicken d_p und d_n. Das ist dadurch zu verstehen, daß bei Gültigkeit von (5.8) die exponentiellen Konzentrationsabfälle in den Diffusionsschwänzen zu linearen Abfällen werden, wie man sieht, wenn man im Konzentrationsverlauf (5.4) die sinh durch ihre linearen Annäherungen für kleines Argument ersetzt.

Ein gradliniger Konzentrationsverlauf ergibt aber einen ortsunabhängigen Diffusionsstrom. Der Strom der in das n-Gebiet injizierten Defektelektronen versickert also in dem betrachteten Grenzfall überhaupt nicht. Dafür ist das n-Gebiet zu dünn. Der Defektelektronenstrom fließt vielmehr in unverminderter Stärke ohne Rekombination bis zur rechten Metallelektrode. Dort rekombiniert er nun allerdings schlagartig mit entgegenkommenden Metallelektronen. Da der Defektelektronenstrom im n-Gebiet konstant ist, muß dort auch der Elektronenstrom räumlich konstant sein. Sowohl der Minoritäts- wie der Majoritätsträgerstrom sind also in dem dünnen n-Gebiet ortsunabhängig. Diese ortsunabhängige Aufteilung der Gesamtstromdichte i in eine Defektelektronenstromdichte $i_p =$ const und eine Elektronenstromdichte $i_n =$ const′ gilt auch in einem genügend dünnen p-Gebiet. Weiter muß das Verhältnis $i_p : i_n$ in beiden Gebieten denselben Wert haben. Keine der beiden Strömungen i_p und i_n kann sich ja beim Durchqueren der Raumladungszone ändern, da diese noch viel dünner ist als die bereits rekombinationsfreien Randgebiete.

Speziell in einem völlig symmetrischen Gleichrichter mit „kurzen" Bahngebieten ist quer durch den ganzen Gleichrichter hindurch $i_p : i_n = 1$ oder

$$i_p = i_n = \frac{1}{2}\,i. \qquad (5.11)$$

Damit beenden wir die Betrachtung kurzer Bahngebiete und wenden uns dem entgegengesetzten Grenzfall langer Bahngebiete zu. Für

$$d_p \gg L_n; \qquad d_n \gg L_p \qquad (5.12)$$

ist

$$\coth\frac{d_p}{L_n} = 1; \qquad \coth\frac{d_n}{L_p} \approx 1, \qquad (5.13)$$

und aus (5.7) wird wieder die alte Kennlinienformel (3.26). Nachträglich stellen sich also die Ausführungen des Abschn. 3 als eine Theorie mit „unendlich dikken" Bahngebieten heraus. Freilich müßte bei ihnen der Spannungsabfall über diesen Gebieten berücksichtigt werden. Das läuft wieder auf eine Scherung mit einem konstanten Bahnwiderstand hinaus, wie wir das in Abschn. 2 (namentlich in Abb. 2.6) besprochen haben.

Strenggenommen bleibt aber der Bahnwiderstand bei immer stärkerer Strombelastung nicht konstant. Auf die hierfür verantwortliche Erscheinung der „starken Injektion" gehen wir in Abschn. 12 ein.

B Die *psn*-Struktur. Sperrichtung

6 Grenzen der bisherigen Theorie

Die bisher behandelte Theorie kann offensichtlich weder in Sperr- noch in Durchlaßrichtung unbegrenzt gelten. Auch die besten Isolatoren werden von einigen 10^6 V cm^{-1} durchschlagen. Weiter sind viele tausend A cm^{-2} mindestens wegen Wärmeeffekten nicht tragbar.

(a) Sperrbelastungen

Abbildung 6.1 zeigt die Sperrkennlinien eines heutigen Siliziumgleichrichters mit einer Sperrfähigkeit von 5000 V. Problematisch bei derartigen Sperrfähigkeiten sind zunächst einmal Feldkonzentrationen an den Rändern der Siliziumtabletten. Das erfordert gewisse ausgeklügelte Randkonturen (Abb. 6.2), die mit Lack oder anderen Überzügen geschützt werden müssen, wobei wiederum Temperatur- und Feuchtigkeitsprobleme zu beherrschen sind. In all dies wurde viel Arbeit gesteckt. Die Sperrfähigkeit konnte dadurch von 1957 bis 1977 von 900 V auf 5000 V bei Dioden und auf 3500 V bei Thyristoren gesteigert werden. Manche der erwähnten Maßnahmen haben den Charakter von Herstellungs-,,Tricks", die auf halbempirischer Basis gefunden wurden. Darüber hinaus gibt es aber einige physikalische Effekte von grundsätzlicher Natur, die für das Sperrverhalten entscheidend sind. Diese sollen im folgenden besprochen werden.

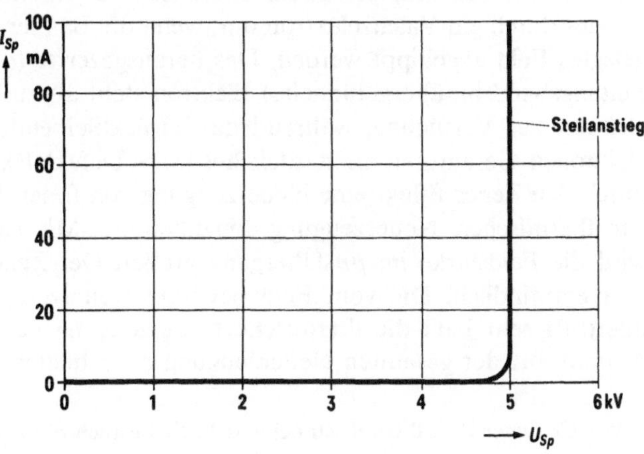

Abb. 6.1. Steilanstieg einer Diodenkennlinie

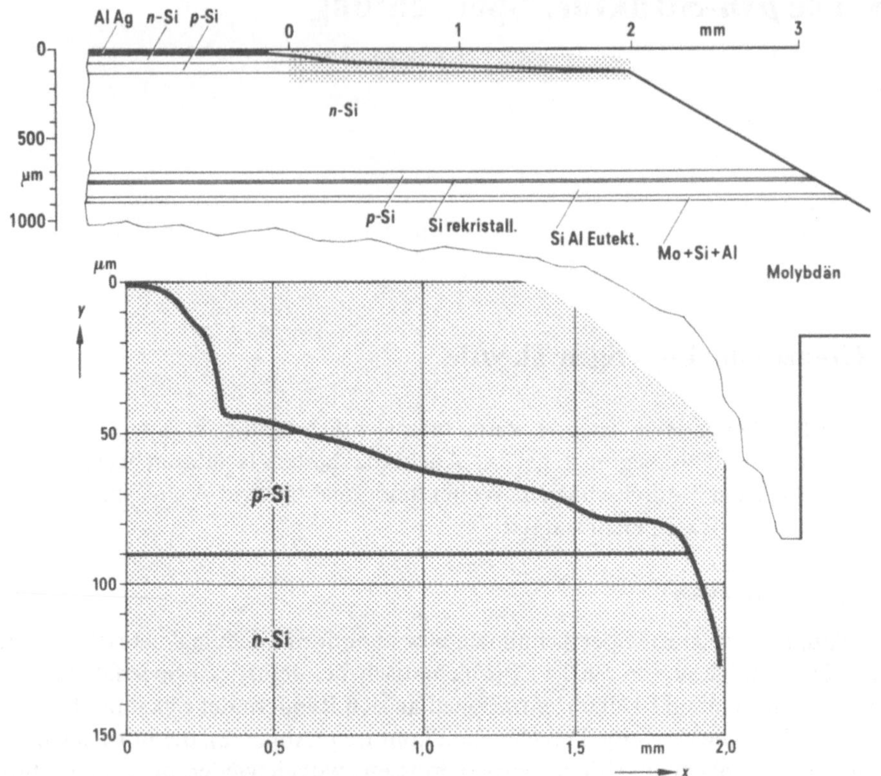

Abb. 6.2. Randgeometrie einer Thyristortablette

Als erstes ist hier die innere Feldemission zu nennen, die häufig auch Zener-Effekt [1] genannt wird. Ein möglichst anschauliches Bild der Feldemission zeigt Abb. 6.3. Hier ist angedeutet, daß eine Paarbindung zwischen zwei Silizium-rümpfen durch ein elektrisches Feld verzerrt wird. Bei genügend großen Feld-stärken kann ein Valenzelektron aus dieser Paarbindung herausgerissen werden. Im Bändermodell stellt sich dieser Effekt als eine Durchtunnelung des verbotenen Bandes durch ein Valenzelektron dar, wenn die Bänder durch ein von außen an-gelegtes Feld angekippt werden. Das herausgezerrte (oder vom Valenzband ins Leitungsband hinübergetunnelte) Elektron steht als zusätzliches freies Leitungs-elektron zur Verfügung, während das zurückbleibende „Loch" in der Valenz-elektronen-Gesamtheit als zusätzliches freies Defektelektron wirkt. Es findet also durch den Zener-Effekt eine Neuerzeugung von freien Ladungsträgern statt, die zur thermischen Neuerzeugung hinzukommt. Mit steigender Sperrspannung wird die Feldstärke im pn-Übergang größer. Der Zener-Effekt reagiert darauf sehr empfindlich. Die vom Feld bewirkte Neuerzeugung von Ladungsträgern übertrifft sehr bald die thermische Neuerzeugung bei weitem, und durch den Abtransport der gesamten Neuerzeugung nach beiden Seiten entsteht ein Steil-

---

[1] Von Cl. Zener 1934 theoretisch behandelt. Siehe auch Fußnote 3 auf S. 65.

46

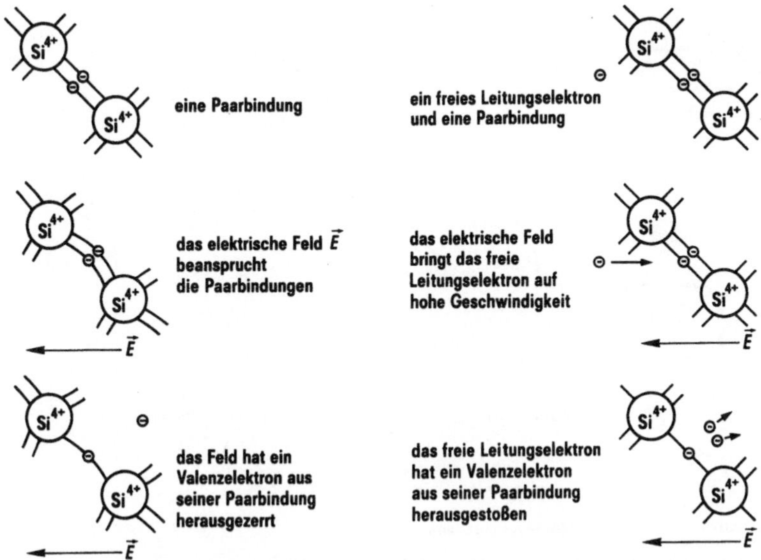

Abb. 6.3. Zener-Effekt   **Abb. 6.4.** Stoßionisation und Trägervervielfachung

anstieg des Sperrstromes. Die kritische Feldstärke $\vec{E}_{\mathrm{max}}$, bei der der Zener-Effekt einsetzt, liegt im Silizium bei 10^6 V cm^{-1}.

Ein zweiter Effekt ist die Stoßionisation mit nachfolgender Lawinenbildung. In Abb. 6.4 ist angedeutet, daß ein freies Leitungselektron durch ein von außen angelegtes Feld so stark beschleunigt werden kann, daß es ein Valenzelektron aus seiner Paarbindung herausschlagen bzw. – in der Sprache des Bändermodells – aus dem Valenzband in das Leitungsband stoßen kann. Das Ergebnis ist ein zusätzliches Elektron-Loch-Paar, das nun auch durch das Feld beschleunigt wird und seinerseits neue Ionisationsprozesse bewirken kann. Auf diese Weise wird eine Trägerlawine ausgelöst, die zu einem Steilanstieg des Sperrstroms führt.

Mit ganz guter Annäherung kann man sagen, daß Stoßionisation einsetzt, wenn die Feldstärke $\vec{E}$ einen kritischen Wert $\vec{E}_{\mathrm{b}} = 3 \cdot 10^5$ V cm^{-1} erreicht. Dieser Wert ist gegenüber den 10^6 V cm^{-1}, die beim Zener-Effekt erforderlich sind, ca. eine halbe Zehnerpotenz niedriger. Trotzdem tritt in einem pn-Übergang bei Sperrspannungssteigerung keineswegs immer die Stoßionisation vor dem Zener-Effekt ein. Wir kommen gleich darauf zurück.

Zuvor erinnern wir an den Einfluß der Dotierung auf die Verhältnisse in der Raumladungszone. Wenn der Potentialverlauf stark gekrümmt ist (Abb. 6.5, links), dann baut die kritische Feldstärke nur eine relativ niedrige Breakdown-Spannung U_b auf. Umgekehrt (Abb. 6.5, rechts) führt ein nur schwach gekrümmter Potentialverlauf mit dem gleichen kritischen Wert des maximalen Gradienten zu einer großen Sperrfähigkeit U_b. Schwache Krümmung $\mathrm{d}^2V/\mathrm{d}x^2$ des Potentialverlaufs $V(x)$ bedeutet aber nach der Poissonschen Gleichung

$$\frac{\mathrm{d}^2 V}{\mathrm{d}x^2} = -\frac{1}{\varepsilon\,\varepsilon_0}\varrho(x) \tag{6.1}$$

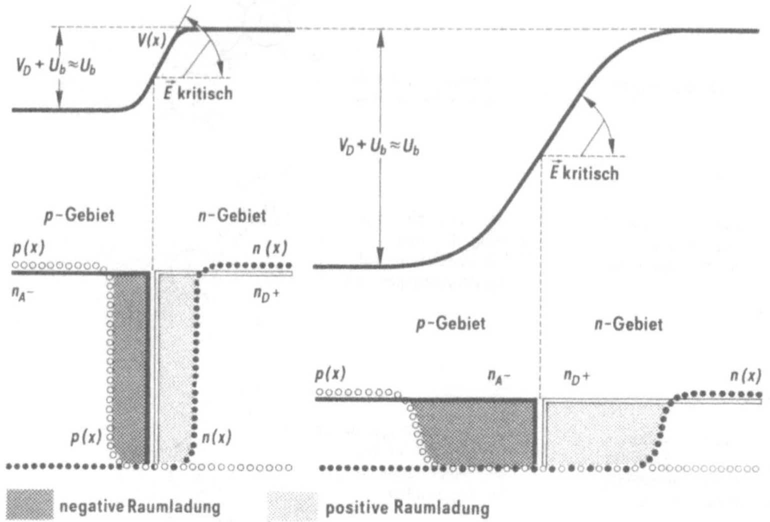

Abb. 6.5. pn-Gleichrichter. Sperrfähigkeit U_b und Stärke der Dotierung n_{A^-} bzw. n_{D^+}

geringe Raumladungsdichte ϱ, die wiederum durch die örtliche Dotierung gegeben ist. So führt also der Wunsch nach einer großen Sperrfähigkeit U_b auf die Forderung nach möglichst schwachen Dotierungen n_{A^-} und n_{D^+} des p- und n-Gebiets.

Wir kommen jetzt auf das gegenseitige Verhältnis von Feldemission und Stoßionisation zurück.

Die Intensität beider Effekte hängt sehr empfindlich von der Breite E_{CV} des verbotenen Bandes ab. E_{CV} ist aber temperaturabhängig; denn mit steigender Temperatur dehnt sich ein Festkörper aus. Der Abstand zwischen den Atomrümpfen vergrößert sich. Die Bindung der Valenzelektronen in den Paarbindungen wird schwächer, E_{CV} wird kleiner. Die innere Feldemission setzt schon bei kleineren Feldstärken ein. Die Sperrfähigkeit U_b eines pn-Übergangs, in dem die innere Feldemission beherrschend ist, sinkt also mit steigender Temperatur.

Bei der Stoßionisation wird aber die Abnahme von E_{CV} mit steigender Temperatur durch andere Erscheinungen überkompensiert. Damit die Träger durch das Feld genügend beschleunigt werden können, muß die Beschleunigungsstrecke genügend lang sein. Also muß einmal die Feldstärke über große Strecken hinweg hohe Werte haben, das heißt der pn-Übergang muß breit sein und das ist — wie wir in Abb. 6.5 gesehen haben — nur bei schwachen Dotierungen der Fall. Weiter darf die Beschleunigung der Elektronen nicht durch Wechselwirkungen mit den Gitterschwingungen zu früh gestört werden. Bei hohen Temperaturen ist aber die thermische Anregung des Gitters hoch, die freien Weglängen der Elektronen werden klein, und das erfordert höhere Feldstärkenwerte, da das primäre Elektron die Ionisationsarbeit E_{CV} schon auf einer kürzeren freien Weglänge erwerben soll. Die Sperrfähigkeit von schwach dotierten und daher breiten pn-Übergängen steigt also mit steigender Temperatur.

48

Bei den Formulierungen des vorigen Absatzes haben wir den scheinbar absurden Standpunkt anklingen lassen, daß der Zusammenbruch der Sperrfähigkeit eines pn-Übergangs ein erwünschter Effekt ist. Es gibt aber tatsächlich Bauelemente, bei denen der Steilanstieg zum Zwecke der Spannungsbegrenzung ausgenutzt wird. Es sind dies die sog. Zener- oder Z-Dioden, bei denen die geschilderten Abhängigkeiten von Temperatur und Dotierung auch tatsächlich beobachtet werden. Soll ihr Sperrstrom-Steilanstieg bei Werten unter 5 bis 6 V liegen, muß mit starken Dotierungen gearbeitet werden. Dann wird der pn-Übergang zu schmal für Stoßionisationsprozesse. Obwohl die Feldemission größere $\vec{E}_{\mathrm{max}}$-Werte braucht als die Stoßionisation, beherrscht die Feldemission die Kennlinie, und der Temperaturkoeffizient dU_b/dT der Sperrfähigkeit U_b ist negativ. Bei Z-Dioden, die für Spannungen über 5 V bestimmt sind, muß umgekehrt die Dotierung schwach gemacht werden. Die Raumladungszone wird breit, es steht jetzt genügend Platz für die Trägerbeschleunigung zur Verfügung, die Stoßionisation mit ihren geringeren Ansprüchen an $\vec{E}_{\mathrm{max}}$ kann zum Zuge kommen, und der Temperaturkoeffizient der Sperrfähigkeit wird positiv: $dU_b/dT > 0$.

Bei Leistungsdioden ist der Steilanstieg des Sperrstroms natürlich ein unerwünschter Effekt, die Sperrfähigkeit soll besonders groß sein. Man müßte hier also mit schwachen Dotierungen arbeiten, was nun aber für die Durchlaßrichtung Nachteile mit sich bringt.

(b) Durchlaßbelastungen

In Abb. 2.6 wurde darauf hingewiesen, daß bei großen Durchlaßbelastungen der Bahnwiderstand nicht immer vernachlässigt werden kann. Zum Beispiel ist in einem Übergang mit schwach dotierten p- und n-Gebieten der Bahnwiderstand groß und verdirbt deshalb die Durchlaßeigenschaften. Der einfache pn-Übergang kann also große Sperrfähigkeiten und gute Durchlaßeigenschaften nicht miteinander vereinen. Einen Ausweg aus diesem Dilemma haben R. N. Hall und W. C. Dunlap mit einer Dreischichtstruktur gezeigt, mit dem sog. psn-Gleichrichter, auf den wir in Abschn. 7 zu sprechen kommen.

Schon jetzt wollen wir aber darauf hinweisen, daß bei hohen Durchlaßbelastungen die Voraussetzung der schwachen Injektion nicht mehr aufrecht erhalten werden kann. Sie wurde in Abschn. 1 benutzt, indem die Raumladung der beweglichen Ladungsträger in der Poissonschen Gleichung vernachlässigt wurde (Übergang von (1.27) zu (1.28)). In Abschn. 3 haben wir sie zweimal benutzt, nämlich bei der Berechnung des Rekombinationsüberschusses (Übergang von (3.9) zu (3.12)) und bei der Vernachlässigung des Feldstroms der Minoritätsträger (Übergang von (3.35) zu (3.37)).

Besonders anschaulich sind die Vorgänge in einem stark unsymmetrischen pn-Übergang. Abbildung 6.6 zeigt einen pn-Übergang, dessen p-Seite stark (10^{15} cm^{-3}) und dessen n-Seite schwach (10^{12} cm^{-3}) dotiert ist. Oben ist der aus Abschn. 3 vom symmetrischen Übergang her bekannte Fall der schwachen Injektion auf den jetzt betrachteten unsymmetrischen pn-Übergang übertragen. In der Darstellung darunter ist die Spannung gesteigert worden. Dadurch ist die Defektelektronenkonzentration p gerade so weit gestiegen, daß sie jetzt an der

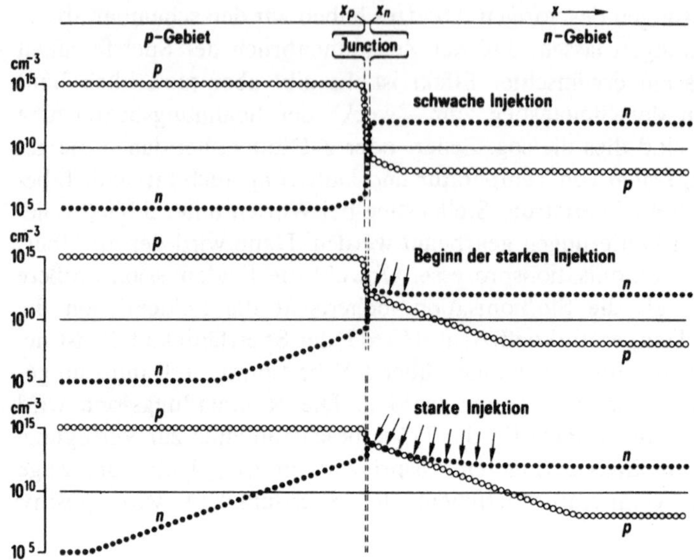

Abb. 6.6. Verschieden starke Injektionen in einem unsymmetrischen pn-Übergang

Grenze x_n zwischen Raumladungs- und n-Gebiet die dortige Dotierung n_{D^+} er-reicht. Jetzt ist an dieser Stelle x_n eine positive Ladungsdichte $p(x_n)+n_{D^+}=2\,n_{D^+}$ vorhanden. Die Elektronen können nur dadurch die Neutralität herstellen, daß sich ihre Konzentration gegenüber dem Wert n_n verdoppelt. In der logarith-mischen Darstellung der Abb. 6.6 macht das allerdings wenig aus. Das gilt in noch viel stärkerem Maße in der untersten Darstellung der Abb. 6.6, in der die Ver-hältnisse bei nochmaliger Spannungssteigerung gezeigt werden. Wegen der Neu-tralität muß rechts im n-Gebiet zwischen n und p eine Differenz $n_{D^+}=10^{12}$ cm^{-3} bestehen. Unmittelbar neben der Raumladungszone ist diese Differenz wegen der logarithmischen Darstellung freilich nicht zu erkennen. Die Konzentrationen n und p sind hier auf $1{,}01\cdot10^{14}$ bzw. $1{,}00\cdot10^{14}$ cm^{-3} angehoben, sie sind also zwei Zehnerpotenzen größer als die Dotierung n_{D^+}. Die Injektion im n-Gebiet ist „stark". Links im p-Gebiet ist die Elektronenkonzentration $n\approx10^{13}$ cm^{-3} immer noch kleiner als die dortige Dotierung $n_{A^-}=10^{15}$ cm^{-3}. Es liegt dort also immer noch „schwache" Injektion vor.

Der Fall der starken Injektion ist für den symmetrischen pn-Übergang und für den pi-Übergang schon früher durchgerechnet worden. In beiden Fällen zeigt sich:

– Die Junction-Spannung U_J kann mit steigender Strombelastung nicht beliebig groß werden, sondern nähert sich nur asymptotisch der Diffusionsspannung V_D.

– Durch die immer weiter angehobenen Trägerkonzentrationen wird der Bahn-widerstand laufend verringert. Diese „Bahnwiderstandsmodulation" führt da-zu, daß die Bahnspannungen U_B nicht proportional i^1, sondern nur wie $i^{1/2}$ steigen.

50

Wir wollen die Theorie der starken Injektion nicht am Beispiel des einfachen
pn-Übergangs schildern, sondern wählen dafür in den Abschn. 10 bis 14 gleich
die Dreischichtenstruktur von Hall und Dunlap, die von der technischen Wirklichkeit nicht ganz so weit entfernt ist, wie der einfache symmetrische pn-Über-
gang. Zunächst wollen wir aber in den Abschn. 7 bis 9 die Wirkungsweise der
psn-Struktur bei Belastungen in Sperrichtung behandeln.

7 Wirkungsweise einer psn-Struktur. Spannungsabhängigkeit des Sperrstroms

Auf S. 49 wurde gezeigt, daß der einfache pn-Gleichrichter die Forderungen
nach möglichst großer Sperrfähigkeit und nach möglichst hoher Stromtragfähigkeit nicht gleichzeitig erfüllen kann. Dagegen ist dies in einer psn-Struktur doch
möglich. Bei dieser Struktur ist zwischen zwei stark p- bzw. n-dotierten Randgebieten ein schwach n- bzw. schwach p-leitendes Gebiet s_n bzw. s_p angeordnet, im
Extremfall ein eigenleitendes Gebiet i (Abb. 7.1, Mitte).

(a) Wirkungsweise der pin-Struktur

Bei Belastung in *Durchlaß*richtung wird das eigenleitende Mittelgebiet mit Trägern zugeschwemmt (Abb. 7.1, oben). Die dabei erzielbaren Konzentrationen
sind um so höher, je höher die Dotierung der hochdotierten Randgebiete ge-

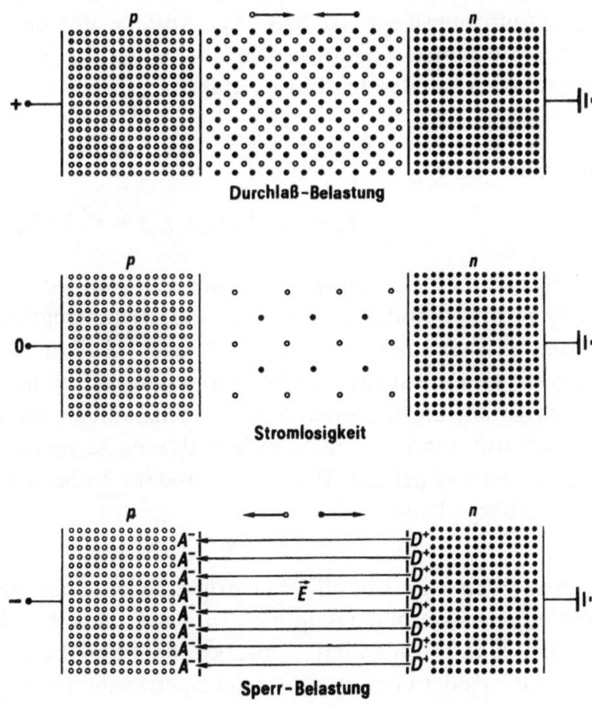

Abb. 7.1. *pin*-Struktur

macht wird. Desto geringer ist der Widerstand des Mittelgebietes und desto höher ist die Stromtragfähigkeit dieser Struktur.

Im Gegensatz zum einfachen pn-Gleichrichter stören diese hohen Dotierungen aber in *Sperr*-Richtung nicht. Bei dieser Polung wird nämlich das Mittelgebiet von Trägern leergeräumt (Abb. 7.1, unten). Die Feldlinien erstrecken sich dann durch das ganze Mittelgebiet von einer auch noch leergeräumten Randzone im rechten n-Gebiet bis zu einer Randzone im linken p-Gebiet. Die Feldstärke $\vec{E}$ ist in diesem Fall annähernd ortsunabhängig. Deshalb baut sie auf der Strecke W eine Sperrspannung

$$U_{Sp} = W\,\vec{E}$$

auf. Stoßionisation setzt ein, wenn

$$\vec{E} \approx 2 \cdot 10^5 \ \text{V cm}^{-1}$$

geworden ist. Die Breakdown-Spannung, also die Sperrfähigkeit des Gleichrichters, ist um so höher, je größer die Mittelgebietsbreite W gemacht wird.

Über diesen doch stark vereinfachenden Überblick hinaus soll in den Abschn. 7 bis 9 eine Reihe von Erscheinungen besprochen werden, die bei Belastung in Sperrichtung auftreten und die über die Gleichrichter hinaus eine Bedeutung auch für andere Bauelemente mit pn-Übergängen haben. Die Durchlaßrichtung wird dann in den Abschn. 10 bis 14 besprochen.

(b) Spannungsabhängigkeit des Sperrstroms

Der Sperrstrom entsteht nach (3.30) formal durch den Abtransport der vollen, durch keine Rekombination geschwächten Neuerzeugung $r n_i^2$ aus der Tiefe je einer Diffusionslänge L_n bzw. L_p. Anstelle des ungebräuchlichen Rekombinationskoeffizienten r benutzen wir analog zu (3.11) und (3.12) eine Trägerlebensdauer im eigenleitenden Mittelgebiet

$$\tau_i = \frac{1}{r\,n_i}, \tag{7.1}$$

also nach (3.30)

$$i_{Sp} = e\,r\,n_i^2\,(L_n + L_p) = e\,\frac{n_i}{\tau_i}\,(L_n + L_p). \tag{7.2}$$

Diese Behandlung des Sperrfalls setzte voraus, daß man neben der Neuerzeugung in den Diffusionsschwänzen die Neuerzeugung in der Raumladungszone vernachlässigen darf, und sie führte nach (3.27) und (3.28) auf eine Sperrkennlinie, die sich mit steigender Sperrspannung sehr bald sättigt.

Die Erfahrungen namentlich mit Siliziumgleichrichtern haben nun bei einer Temperatur von 20 °C alles andere als eine Sättigung der Sperrkennlinie gezeigt. Selbst wenn es gelingt, Rand- und andere Nebeneffekte zu vermeiden, schälen sich Abhängigkeiten

$$i_{Sp} \sim U_{Sp}^{1/3} \dots U_{Sp}^{1/2} \tag{7.3}$$

heraus (Abb. 7.2), die offenbar prinzipiellen Charakter haben und als Abtransport einer Trägerneuerzeugung $r\,n_i^2 = n_i/\tau_i$ aus der Raumladungszone gedeutet werden. Dann ist nämlich i_{Sp} proportional der Breite der Raumladungszone, die ihrerseits wieder eine Funktion der Sperrspannung U_{Sp} ist.

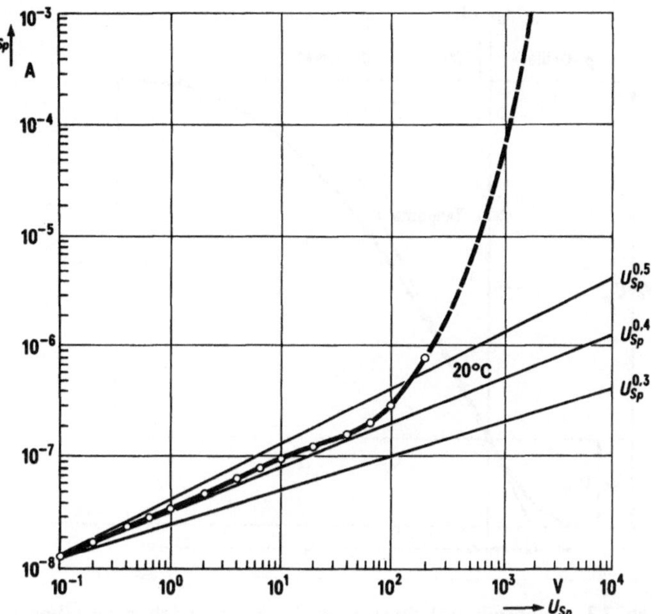

Abb. 7.2. Sperrkennlinie einer diffundierten *psn*-Struktur. (Nach F. Dannhäuser: Solid-State Electron. 10, 361−365 (1967))

Die Breite l der Raumladungszone (einseitig abrupter Übergang)

Ein quantitatives Verständnis der Gesetzmäßigkeit (7.3) erfordert die Ermittlung der Breite der Raumladungszone. Wir berechnen sie zunächst für den abrupten aber unsymmetrischen Übergang und erinnern dabei an die rechnerische Behandlung der Raumladungszone in Abschn. 1, wo sich im stromlosen Fall für die Breite l_n des n-seitigen Teils der Raumladungszone (1.36) ergab:

$$l_n = x_{0n} \sqrt{2\frac{V_{Dn}}{\mathscr{V}}} \, .$$

Entsprechend gilt für den p-seitigen Teil

$$l_p = x_{0p} \sqrt{2\frac{V_{Dp}}{\mathscr{V}}} \, . \tag{7.4}$$

Beim Anliegen einer Sperrspannung U_{Sp} muß dann in der Raumladungszone nicht nur die Diffusionsspannung

$$V_D = V_{Dn} + V_{Dp} \tag{7.5}$$

aufgebaut werden, sondern eine Potentialstufe (Abb. 7.3)

$$V_D + U_{Sp} = V_{Dp} + U_{Sp\,p} + V_{Dn} + U_{Sp\,n} \, . \tag{7.6}$$

Das führt auf eine Raumladungsbreite

$$l = l_p + l_n \tag{7.7}$$

53

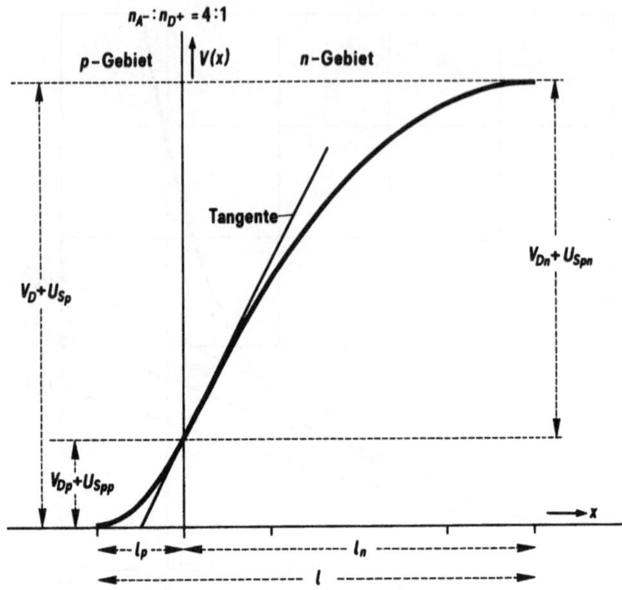

Abb. 7.3. Potentialparabeln in einem unsymmetrischen pn-Übergang $n_{A^-} : n_{D^+} = 4:1$

mit

$$l_p = x_{0p} \sqrt{2 \frac{V_{Dp} + U_{Spp}}{\mathscr{V}}} \; ; \quad l_n = x_{0n} \sqrt{2 \frac{V_{Dn} + U_{Spn}}{\mathscr{V}}} , \tag{7.8}$$

wobei nach (1.31) für die Debye-Längen gilt

$$x_{0p} = \sqrt{\frac{\varepsilon\,\varepsilon_0 \mathscr{V}}{e\,n_{A^-}}} \; ; \quad x_{0n} = \sqrt{\frac{\varepsilon\,\varepsilon_0 \mathscr{V}}{e\,n_{D^+}}} . \tag{7.9}$$

Die in (7.7) und (7.8) vorgenommene Aufteilung auf die p- und die n-Seite wird durch die Forderung geliefert, daß die Raumladungszone als Ganzes neutral sein muß:

$$\text{Ladungsmenge links} = e\,n_{A^-} l_p = e\,n_{D^+} l_n = \text{Ladungsmenge rechts.} \tag{7.10}$$

Diese Forderung liefert mit (7.8) und (7.9) nach Quadrieren

$$e^2\,n_{A^-}^2 \cdot \frac{\varepsilon\,\varepsilon_0 \mathscr{V}}{e\,n_{A^-}} \cdot 2 \frac{V_{Dp} + U_{Spp}}{\mathscr{V}} = e^2\,n_{D^+}^2 \cdot \frac{\varepsilon\,\varepsilon_0 \mathscr{V}}{e\,n_{D^+}} \cdot 2 \frac{V_{Dn} + U_{Spn}}{\mathscr{V}} \tag{7.11}$$

$$V_{Dp} + U_{Spp} = \frac{n_{D^+}}{n_{A^-}} \left(V_{Dn} + U_{Spn} \right) . \tag{7.12}$$

Bei dieser Aufteilung stoßen übrigens die beiden Potentialparabeln mit stetiger Tangente aneinander. Die Stetigkeit der Tangente ist das mathematische Äquivalent für die physikalische Forderung (7.10): Die Feldstärke $\vec{E}$ muß an der Trennlinie $x=0$ stetig sein, wenn auf der p-Seite ebenso viele Senken für die elektrischen Feldlinien vorhanden sind wie sich auf der n-Seite Quellen befinden.

54

In der Praxis liegt meist das Gegenteil eines symmetrischen pn-Übergangs vor. Beispielsweise ist

$$n_{A^-} = 10^{18} \text{ cm}^{-3} \gg n_{D^+} = 10^{13} \text{ cm}^{-3} .\tag{7.13}$$

Dann zeigt (7.12), daß der p-seitige Parabelbogen völlig verkümmert (Abb. 7.4), und es gilt für die Potentialstufe

$$V_D + U_{Sp} \approx V_{Dn} + U_{Spn},\tag{7.14}$$

$$l \approx l_n \approx x_{0n} \sqrt{2\,\frac{V_D + U_{Sp}}{\mathscr{V}}}\tag{7.15}$$

und bei großen Sperrspannungen U_{Sp} schließlich

$$l \approx \sqrt{2}\left(\frac{U_{Sp}}{\mathscr{V}}\right)^{1/2} x_{0n}.\tag{7.16}$$

Der Abtransport der Neuerzeugung n_i/τ_i aus einer Raumladungszone mit der Breite (7.16) würde also zu einer Sperrstromdichte

$$i_{Sp} \sim U_{Sp}^{1/2}\tag{7.17}$$

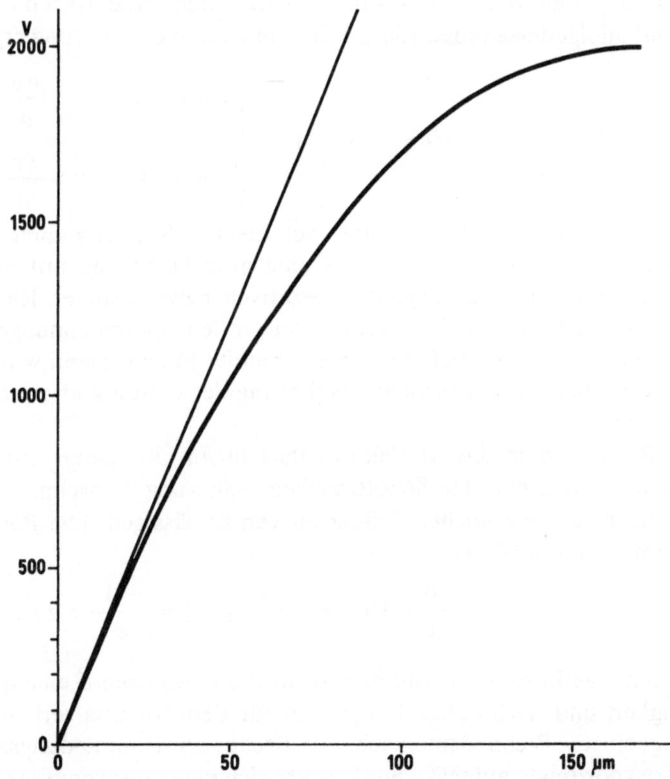

Abb. 7.4. Potentialverlauf für $U_{Sp} = 2000$ V und $n_{A^-} = 10^{18}$ cm^{-3}, $n_{D^+} = 10^{14}$ cm^{-3}. Die Parabel im p-Gebiet ist völlig verkümmert

führen. Beobachtet wird in Siliziumgleichrichtern eine schwächere Abhängigkeit (7.3), also eine Proportionalität zwischen $U_{Sp}^{1/2}$ und $U_{Sp}^{1/3}$. Dies ist ein Hinweis darauf, daß das Modell des einseitig abrupten Übergangs die Wirklichkeit in diesen Gleichrichtern nicht gut genug beschreibt.

Die Breite der Raumladungszone (symmetrischer flacher Übergang)

Der psn-Übergang in dem Siliziumgleichrichter der Abb. 7.2 wurde durch Diffusion von Aluminium in phosphordotiertes Silizium hergestellt. Die $U_{Sp}^{0,4}$-Gesetzmäßigkeit galt auch nur für Spannungen $U_{Sp} < 65$ V. Die gesamte Raumladungsbreite $l = l_n + l_p$ hatte die Größenordnung 0,5 bis 30 μm. Diese Umstände legen es nahe, ein Modell zu diskutieren, bei dem eine mit der Ortskoordinate x *linear* abfallende Akzeptorenkonzentration

$$n_A(x) = \begin{cases} n_D - ax & \text{für} \quad x < \dfrac{n_D}{a} \\[3mm] 0 & \text{für} \quad x > \dfrac{n_D}{a} \end{cases} \tag{7.18}$$

in n-Material hineindiffundiert worden ist (Abb. 7.5). Bei Sperrbelastung ist die Raumladungszone sowohl an Elektronen wie an Löchern verarmt, es sind dort „keine" Elektronen oder Löcher vorhanden. Alle Akzeptoren und Donatoren sind infolgedessen dissoziiert. Für eine effektive Dotierung ergibt sich mit (7.18)

$$e(n_{D^+} - n_{A^-}(x)) = \begin{cases} e\,a\,x & \text{für} \quad x < \dfrac{n_D}{a} \\[3mm] e\,n_{D^+} & \text{für} \quad x > \dfrac{n_D}{a}. \end{cases} \tag{7.19}$$

Bei Durchlaßbelastungen und bei kleinen Sperrspannungen ist die Raumladungszone schmal. Dann ist es eine gute Näherung mit einer nach links und rechts hin linear ansteigenden negativen bzw. positiven Raumladungsdichte zu rechnen (flacher pn-Übergang). Bei großen Sperrspannungen erstreckt sich die Raumladungszone tief ins rechte n-Gebiet hinein. Dann wird es vernünftig sein, mit der bereits besprochenen Näherung des einseitig abrupten Übergangs zu arbeiten.

Rechnet man das Modell des flachen pn-Übergangs durch, so ist es zweckmäßig, im Sinne der Schottkyschen Näherung (Abschn. 1, S. 18) die Raumladung der beweglichen Träger zu vernachlässigen. Die Poissonsche Gleichung wird dann mit (7.19)

$$\frac{d^2}{dx^2} V(x) = -\frac{1}{\varepsilon\,\varepsilon_0}\,\varrho(x) = -\frac{1}{\varepsilon\,\varepsilon_0}\,e\,a\,x. \tag{7.20}$$

Einmalige Integration gibt bereits für die Feldstärke $\vec{E}$ eine quadratische Abhängigkeit und nochmalige Integration für den Potentialverlauf $V(x)$ eine Abhängigkeit x^3. Wenn dann nach der Breite der Raumladungszone, also nach der Ortskoordinate aufgelöst wird, ergibt sich eine Gesetzmäßigkeit

$$l \sim U_{Sp}^{1/3} \tag{7.21}$$

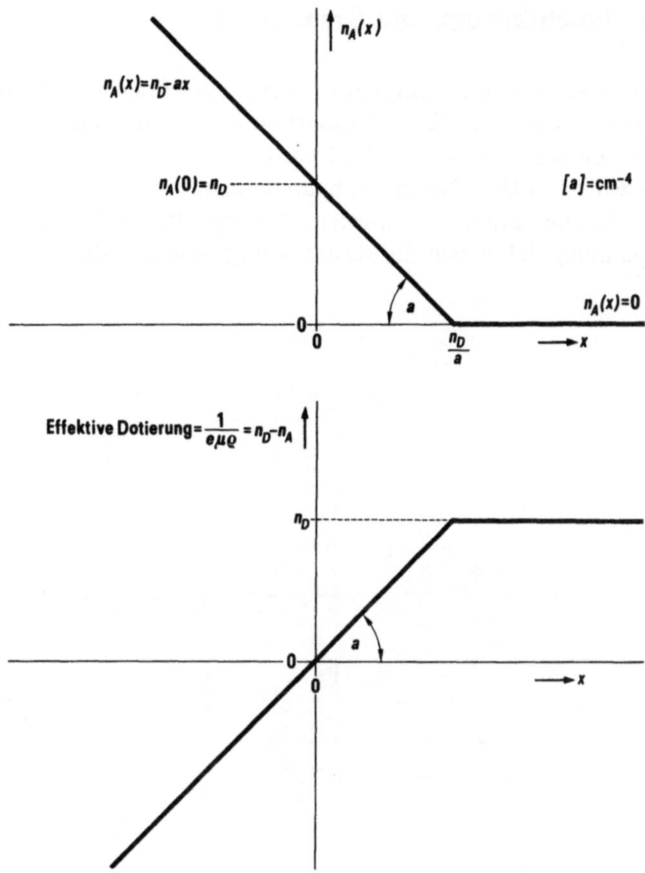

Abb. 7.5. Eine Akzeptorenkonzentration $n_A\,(x)$, die in n-dotiertes Stammaterial hinein diffundiert ist. (Die Konzentrationen sind hier linear aufgetragen!)

und damit auch eine Sperrspannungsabhängigkeit des Sperrstroms

$$i_{Sp} \sim U_{Sp}^{1/3}\,.\qquad(7.22)$$

Hiermit werden die in vielen Fällen bei kleinen Sperrspannungen beobachteten Sperrstromabhängigkeiten zwischen $U_{Sp}^{1/2}$ und $U_{Sp}^{1/3}$ verständlich.

Bei großen Sperrspannungen erwartet man wegen des Konstantwerdens der positiven Raumladung $e n_{D^+}$ steilere Sperrstromanstiege proportional $U_{Sp}^{1/2}$. Der in Abb. 7.2 wiedergegebene Anstieg oberhalb von 65 V ist aber sofort viel steiler als $U_{Sp}^{1/2}$. Wenn es sich hier nicht um Nebeneffekte handelt, die in Sperrichtung sehr schwer zu vermeiden sind, könnte es sich um frühzeitige erste Auswirkungen von Stoßionisation handeln.

Wenn die Stoßionisation erst einmal voll eingesetzt hat, führt sie zu sehr viel drastischeren Effekten als $U_{Sp}^{1/3}$ bis $U_{Sp}^{1/2}$, nämlich zu dem in Abb. 6.1 gezeigten Steilanstieg des Sperrstroms. Auf diese Erscheinungen kommen wir im Abschn. 8 zu sprechen.

8 Punchthrough and Breakdown

Wir haben schon mehrfach darauf hingewiesen (S. 47 und 48), daß bei hohen Sperrspannungen die Stoßionisation einsetzt und ein dadurch verursachter Steilanstieg des Sperrstroms die Sperrfähigkeit des Gleichrichters beendet („Breakdown": $U = U_b$). Davon unabhängig kann aber bei hohen Sperrspannungen eine zweite Besonderheit auftreten, der sog. Punchthrough: Mit steigender Sperrspannung dehnt sich die Raumladungszone von der linken Trennstelle zwischen

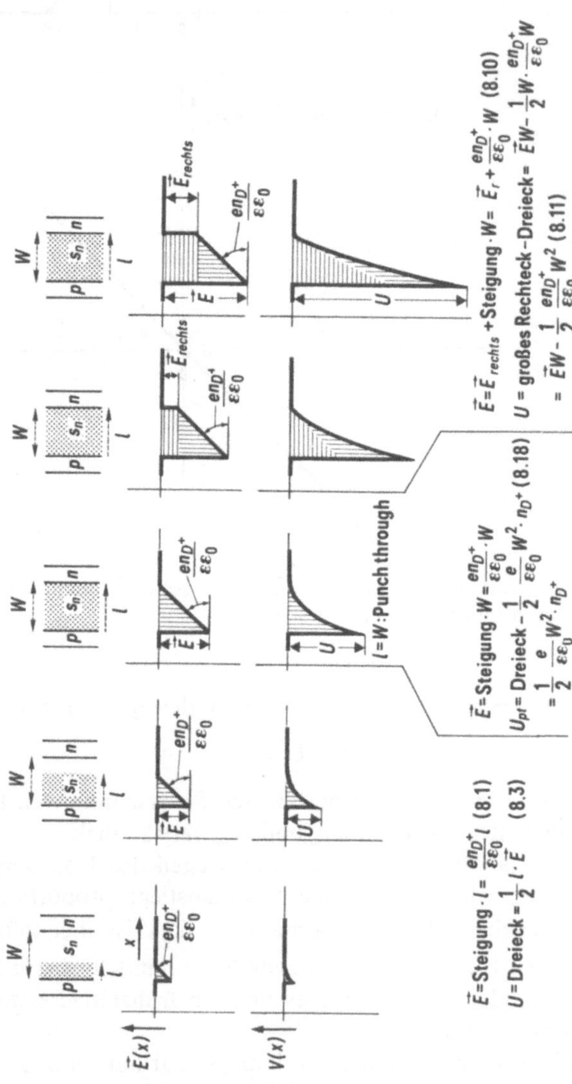

Abb. 8.1. Expansion der Raumladungszone ins schwach dotierte Mittelgebiet s_n hinein (oben), Feld- und Potentialverläufe im Mittelgebiet (unten)

der p- und der s_n-Dotierung nach rechts hin aus (s. Abb. 8.1). Bei genügend hoher Sperrspannung, nämlich bei der Punchthrough-Spannung U_{pt} stößt dann die Raumladungsgrenze an den rechten $s_n n$-Übergang an. Bei weiterer Spannungssteigerung wird eine sehr dünne Schicht des hochdotierten n-Gebietes von Elektronen entblößt und die raumladungsmäßig nicht mehr kompensierten Donatoren D^+ schicken ein zusätzliches Randfeld $\vec{E}_r$ nach links hin zum p-Gebiet. Wir wollen im folgenden die Abhängigkeiten von U_b und U_{pt} von den Konstruktionsdaten n_{D^+} und W der Gleichrichterstruktur ableiten und die Folgen dieser Erscheinungen für die Potentialverteilung in der Raumladungszone und für die Gleichrichterkennlinie diskutieren.

Aus der Poisson-Gleichung

$$\frac{d\vec{E}}{dx} = \frac{e\,n_{D^+}}{\varepsilon\,\varepsilon_0} \tag{8.1}$$

ergibt sich durch einmalige Integration ein linearer $\vec{E}$-Verlauf. Breakdown tritt ein, wenn dabei links der Breakdown-Wert $\vec{E}_b = 2 \cdot 10^5 \ \text{V cm}^{-1}$ erreicht wird:

$$\vec{E}_b = \frac{e\,n_{D^+}}{\varepsilon\,\varepsilon_0}\,l. \tag{8.2}$$

Nochmalige Integration liefert einen parabelförmigen $V(x)$-Verlauf:

$$U = V(l) = \frac{1}{2}\,\frac{e\,n_{D^+}}{\varepsilon\,\varepsilon_0}\,l^2. \tag{8.3}$$

Entnimmt man (8.2) den für den Breakdown-Fall geltenden Wert der Raumladungsbreite

$$l = \frac{\varepsilon\,\varepsilon_0}{e\,n_{D^+}}\,\vec{E}_b, \tag{8.4}$$

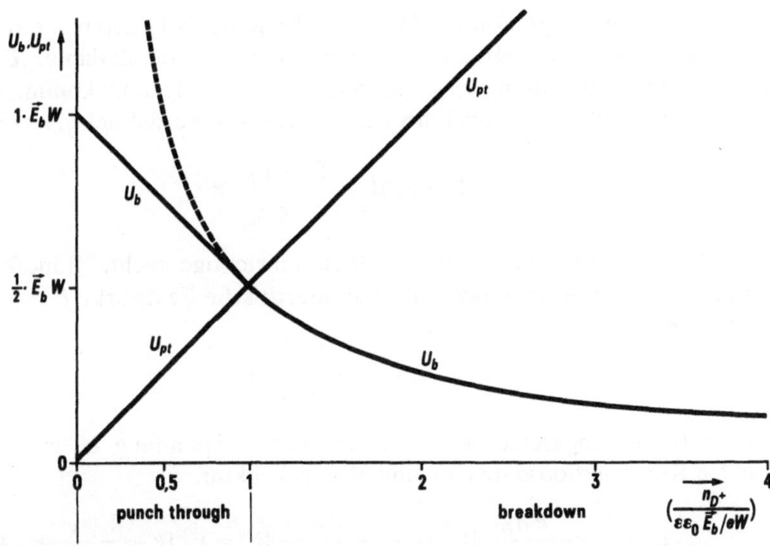

Abb. 8.2. Die Abhängigkeiten von U_b und U_{pt} von der Dotierung n_{D^+} des Mittelgebiets s_n

so ergibt sich für die Breakdown-Spannung U_b nach (8.3)

$$U_b = \frac{1}{2} \frac{e\, n_{D^+}}{\varepsilon\, \varepsilon_0} \left(\frac{\varepsilon\, \varepsilon_0}{e\, n_{D^+}} \vec{E}_b \right)^2 = \frac{1}{2} \frac{\varepsilon\, \varepsilon_0}{e} \vec{E}_b^2 \frac{1}{n_{D^+}}. \tag{8.5}$$

Abbildung 8.2 zeigt, daß durch Verringerung der Dotierung n_{D^+} die Breakdown-Spannung U_b gesteigert werden kann.

Dies alles gilt aber nur, solange die Dotierung n_{D^+} so hoch ist, daß die Raumladungsbreite l kleiner als die Mittelgebietsbreite W bleibt. Das führt nach (8.4) auf die Bedingung

$$l = \frac{\varepsilon\, \varepsilon_0}{e\, n_{D^+}} \vec{E}_b \leq W \tag{8.7}$$

oder

$$n_{D^+} \geq \frac{\varepsilon\, \varepsilon_0}{e} \vec{E}_b \frac{1}{W}. \tag{8.8}$$

Die Bedingung (8.8) wird in (8.5) eingesetzt:

$$U_b \leq \frac{1}{2} \frac{\varepsilon\, \varepsilon_0}{e} E_b^2 \frac{e}{\varepsilon\, \varepsilon_0} \frac{1}{\vec{E}_b} W = \frac{1}{2} \vec{E}_b\, W. \tag{8.9}$$

Man sieht, daß man die Breakdown-Spannung U_b durch Verringerung der Dotierung n_{D^+} nicht beliebig steigern kann, wenn man den Punchthrough vermeiden will.

Kümmert man sich um diese Bedingung nicht, so muß man bei der ersten Integration der Poisson-Gleichung eine Integrationskonstante $\vec{E}_{\text{rechts}} = \vec{E}_r$ berücksichtigen und von den trapezförmigen $\vec{E}$-Verläufen rechts in Abb. 8.1 ausgehen. Man erhält dann im Breakdown-Fall

$$\vec{E}_b = \vec{E}_r + \frac{e\, n_{D^+}}{\varepsilon\, \varepsilon_0} W. \tag{8.10}$$

Bei der zweiten Integration der Poisson-Gleichung (8.1) liefert die rechte Randfeldstärke $\vec{E}_r$ über die Mittelgebietsbreite W einen Potentialanteil $\vec{E}_r W$, der zu dem von der Raumladung $e\, n_{D^+}$ gelieferten Anteil (8.3) hinzukommt, wobei aber in (8.3) der eingetretene Punchthrough durch $l = W$ berücksichtigt werden muß:

$$U = \vec{E}_r\, W + \frac{1}{2} \frac{e\, n_{D^+}}{\varepsilon\, \varepsilon_0} W^2. \tag{8.11}$$

Aus (8.10) können wir die physikalisch unwichtige rechte Randfeldstärke $\vec{E}_r$ durch die für den Breakdown-Fall charakteristische Feldstärke $\vec{E}_b = 2 \cdot 10^5\,\text{V cm}^{-1}$ ausdrücken:

$$\vec{E}_r = \vec{E}_b - \frac{e\, n_{D^+}}{\varepsilon\, \varepsilon_0} W. \tag{8.12}$$

Dies, in (8.11) eingesetzt, liefert die Breakdown-Spannung U_b in Abhängigkeit von den Konstruktionsdaten n_{D^+} und W der Struktur:

$$U_b = \left(\vec{E}_b - \frac{e\, n_{D^+}}{\varepsilon\, \varepsilon_0} W \right) W + \frac{1}{2} \frac{e\, n_{D^+}}{\varepsilon\, \varepsilon_0} W^2 = \vec{E}_b\, W - \frac{1}{2} \frac{e}{\varepsilon\, \varepsilon_0} n_{D^+}^1 W^2. \tag{8.13}$$

An die Stelle des hyperbelförmigen Anstiegs U_b proportional $(n_{D^+})^{-1}$ [Gl. (8.5) und Abb. 8.2] tritt also nach (8.13) ein nur noch linearer Anstieg

$$U_b = c_1 - c_2\, n_{D^+}.$$

Die Grenze wird durch die Bedingung geliefert, daß gerade eine Randfeldstärke $\vec{E}_r \geqq 0$ entstanden ist. Nach (8.12) ist also jenseits der Grenze

$$\vec{E}_r = \vec{E}_b - \frac{e\, n_{D^+}}{\varepsilon\, \varepsilon_0}\, W \geq 0. \tag{8.14}$$

Das führt auf die Bedingung

$$n_{D^+} \leq \frac{\varepsilon\, \varepsilon_0}{e}\, \vec{E}_b\, \frac{1}{W}. \tag{8.15}$$

Berücksichtigt man dies in (8.13), so sieht man, daß durch Verringerung der Dotierung n_{D^+} die Breakdown-Spannung tatsächlich weiter gesteigert werden kann:

$$U_b \geq \vec{E}_b\, W - \frac{1}{2}\, \frac{e}{\varepsilon\, \varepsilon_0}\, \frac{\varepsilon\, \varepsilon_0}{e}\, \vec{E}_b\, \frac{1}{W}\, W^2 = \frac{1}{2}\, \vec{E}_b\, W. \tag{8.16}$$

Wenn man den Punchthrough in Kauf nimmt, kann man die Grenze (8.9) also tatsächlich überschreiten. Aus der Abb. 8.2 sieht man aber, daß U_b jetzt langsamer steigt. Im formalen Grenzfall $n_{D^+} = 0$ ergibt (8.13)

$$U_{b\,\mathrm{max}} = U_b\big|_{n_{D^+}=0} = \vec{E}_b\, W. \tag{8.17}$$

Man gewinnt also gegenüber der Grenze (8.16) nur noch einen Faktor 2.

Die Spannung U_{pt}, bei der gerade Punchthrough einsetzt, erhält man aus (8.3), wenn dort $l = W$ eingesetzt wird:

$$U_{pt} = \frac{1}{2}\, \frac{e}{\varepsilon\, \varepsilon_0}\, W^2\, n_{D^+}. \tag{8.18}$$

Das gleiche Ergebnis kommt natürlich, wenn in (8.11) die rechte Randfeldstärke $\vec{E}_r = 0$ gesetzt wird.

Wird der lineare Anstieg (8.18) von U_{pt} mit n_{D^+} in Abb. 8.2 eingetragen, so sieht man, daß links von der Grenze (8.15)

$$n_{D^+}\bigg|_{\mathrm{Grenze}} = \frac{\varepsilon\, \varepsilon_0}{e}\, \vec{E}_b\, \frac{1}{W} \tag{8.19}$$

die Punchthrough-Spannung $U_{pt} < U_b$ und rechts umgekehrt $U_b < U_{pt}$ ist. Aus (8.19) folgt für das Produkt der Konstruktionsdaten n_{D^+} und W

$$\big[n_{D^+} W\big]_{\mathrm{Grenze}} = \frac{\varepsilon\, \varepsilon_0}{e}\, \vec{E}_b = 1{,}3 \cdot 10^{+12}\ \mathrm{cm}^{-2}. \tag{8.20}$$

Hierbei sind die Siliziumdaten

$$\varepsilon = 11 \quad \text{bzw.} \quad \varepsilon\, \varepsilon_0 = 1{,}037 \cdot 10^{12}\, \mathrm{As\,(V\,cm)}^{-1} \tag{8.21}$$

und

$$\vec{E}_b = 2 \cdot 10^5\, \mathrm{V\,cm}^{-1} \tag{8.22}$$

benutzt worden.

Für Gleichrichterstrukturen, die mit dem Produkt ihrer Konstruktionsdaten n_{D^+} und W links von der Grenze (8.20) liegen, tritt also bei Steigerung der Sperrspannung U_{Sp} zunächst Punchthrough und später erst Breakdown ein. Da mit dem Eintritt des Punchthrough die Verbreiterung der Raumladungszone aufhört und da der Sperrstrom aus der Neuerzeugung n_i/τ in der leergeräumten Raumladungszone gespeist wird, folgt also, daß für

$$U_{pt} < U_{Sp} < U_b \qquad (8.23)$$

bei einem solchen Gleichrichter der Sperrstrom konstant bleiben muß, bis bei U_b der Zusammenbruch der Sperrfähigkeit durch Stoßionisation erfolgt (Abb. 8.3). Bei Gleichrichterstrukturen, für die das Produkt $n_{D^+} W$ rechts von der Grenze (8.20) liegt, ist ein solcher waagerechter Kennlinienteil nicht zu erwarten, weil bei Spannungssteigerung der Breakdown schon vor dem Punchthrough erfolgt.

Diese Betrachtungen dürften jedoch ziemlich akademisch sein. Zunächst einmal setzt schon rein theoretisch die Stoßionisation keineswegs völlig abrupt ein. Über diesen prinzipiellen Einwand hinaus wird es schwierig sein, Gleichrichterstrukturen zu realisieren, in denen Randeffekte, Störungen des Siliziumgitters, Erwärmung der Proben, Inhomogenitäten der Dotierung und noch andere Nebeneffekte in solchem Maße vermieden sind, daß sich ein Konstantwerden des Sperrstroms vor dem Steilanstieg wirklich beobachten ließe. Schließlich steigt an der rechten $s_n n$-Grenze die Dotierung plötzlich um mehrere Zehnerpotenzen an. Der Kristall kann dort stark gestört sein, was zu vielen Neuerzeugungszentren führen wird. Erreicht die trägerverarmte Raumladung dieses Gebiet, so muß eine erhöhte Neuerzeugung abtransportiert werden. Der Sperrstrom bleibt dann beim Eintritt des Punchthrough nicht konstant. Bei hochsperrenden Leistungsgleichrichtern versucht man jedenfalls in den meisten Fällen, das Eintreten des Punchthrough zu vermeiden.

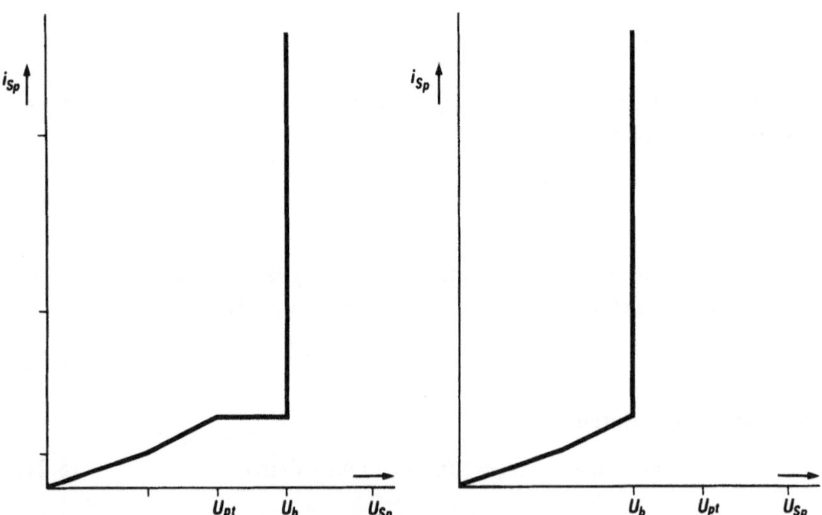

Abb. 8.3. Einfluß von Punchthrough und Breakdown auf die Gestalt der Sperrkennlinie (schematisch!)

Anders dagegen bei sog. Snap-off-Dioden, von denen man ein ganz bestimmtes *dynamisches* Verhalten verlangt [2]. Man nutzt bei diesen Dioden nämlich die Tatsache aus, daß beim Umschalten von Durchlaß- auf Sperrspannung anfangs ein starker Rückstrom fließt, weil ja zunächst das Mittelgebiet leergeräumt werden muß. Wenn dies aber geschehen ist, dehnt sich die Raumladungszone praktisch nicht mehr weiter aus. Der vorher durch das Ausräumen weit über den stationären Werten liegende Rückstrom in Sperrichtung bricht plötzlich zusammen und unvermeidliche Induktivitäten des Stromkreises — wenn nicht sogar absichtlich eingebrachte Induktivitäten — bewirken mit ihrer magnetisch gespeicherten Energie ein Hochschnellen der Sperrspannung. Diese Spannungsspitze kann weit über den stationären Sperrwerten liegen. Da die Punchthroughspannung U_{pt} von der Dotierung n_{D^+} *und* der Mittelgebietsbreite W abhängt (8.18), die Breakdown-Spannung U_b aber nur von der Dotierung n_{D^+} (8.5), kann man durch niedrige Werte von W erreichen, daß dieses Zusammenbrechen des Sperrstromes infolge eines leergeräumten Mittelgebietes bei sehr viel niedrigeren Spannungen als U_b stattfindet, bevor also die gefährliche Lawinenbildung durch Stoßionisation einsetzt, die im übrigen auch nicht in allen Fällen zur Zerstörung der Struktur führen muß. Solche Snap-off-Dioden verwendet man z. B. zur Erzeugung von sehr raschen Oberwellen oder von sehr raschen Impulsen.

Bei Leistungsgleichrichtern ist ein derartiges Verhalten beim Übergang von Durchlaß- zu Sperrbelastung aber alles andere als erwünscht. Man diffundiert bei solchen Bauelementen sogar machmal extra Gold in das Mittelgebiet ein. Gold bildet nämlich im Silizium ein sehr wirksames Rekombinationszentrum. Bei einem Übergang von Durchlaß- zu Sperrbelastung brauchen dann nicht *alle* Träger des überschwemmten Mittelgebiets durch den Rückwärtsstrom ausgeräumt zu werden, sondern erhebliche Trägermengen werden durch Rekombination beseitigt. Auf diese Weise kann eine rasche und trotzdem sanfte Wiederkehr der Sperrfähigkeit nach einer Durchlaßbelastung erzielt werden, ohne daß das Einsetzen der Sperrfähigkeit so plötzlich erfolgt, daß die Stromkreis-Induktivitäten enorme Spannungsspitzen erzeugen. Solche Gleichrichter werden besonders für Fälle gebraucht, bei denen mit höheren Frequenzen gearbeitet wird als mit 50 Hz. Das ist z. B. bei Bordnetzen von Flugzeugen der Fall, wo man zwecks Verkleinerung der Transformatorengewichte mit 400 Hz arbeitet.

Eine mit zusätzlichen Rekombinationszentren verbundene Erhöhung auch der *stationären* Sperrstromwerte und vor allem einer Verschlechterung der Durchlaßeigenschaften nimmt man dabei in Kauf. Auf diese Verschlechterung der Durchlaßeigenschaften durch zusätzliche Rekombinationszentren kommen wir später zu sprechen (Kommentar zu Abb. 13.4). Im Abschn. 9 soll zunächst noch eine weitere Eigentümlichkeit des Sperrgebietes besprochen werden, nämlich der sog. „Raumladungswiderstand".

Zum Abschluß sei noch einmal auf die in Abb. 8.2 bereits gezeigte Abhängigkeit der Sperrfähigkeit U_b von der Dotierung des Mittelgebietes eingegangen. Abbildung 8.4 zeigt, wie dieser Zusammenhang oft in der Praxis dargestellt wird.

---

[2] Bisher war immer nur von stationären Belastungen die Rede. Für einen Augenblick wollen wir jetzt von dynamischen, in der Zeit verlaufenden Vorgängen sprechen.

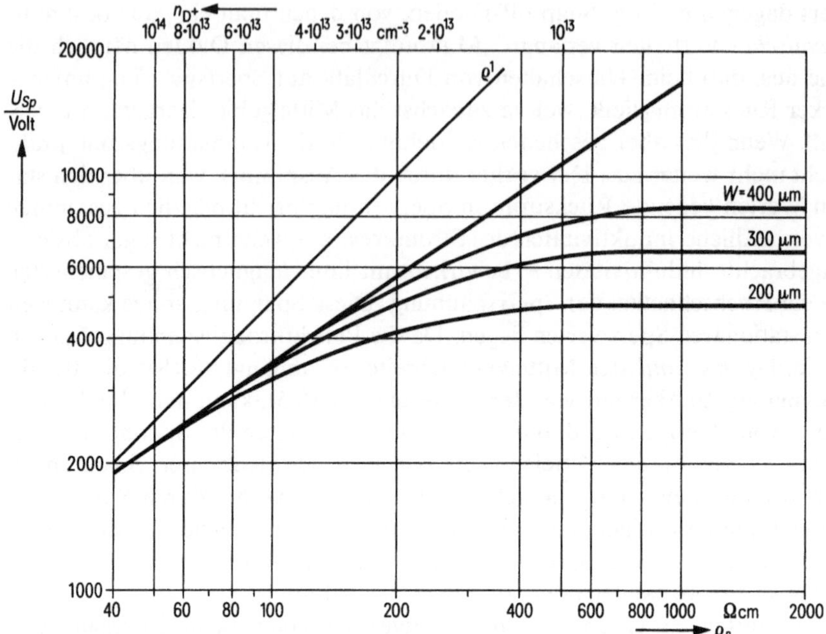

Abb. 8.4. Sperrfähigkeit einer $p\,s_n\,n$-Struktur

Zunächst wählt man dabei eine doppelt-logarithmische Auftragung. Dann wird als Abszisse nicht die Dotierung n_{D^+} des Mittelgebietes aufgetragen, sondern der spezifische Widerstand ϱ des Stammmaterials. Diese Größe wird nämlich von den Bauelementeherstellern bei der Eingangskontrolle des von dem Materialproduzenten gelieferten Siliziums unmittelbar gemessen. Bei einer Umrechnung auf die Donatoren- bzw. Akzeptorenkonzentrationen kämen die Beweglichkeiten μ_n oder μ_p ins Spiel. Über die Zahlenwerte dieser Größen können aber durchaus Meinungsverschiedenheiten bestehen. Erschwerend kommt hinzu, daß μ_n und μ_p nicht konstant sind, sondern bei stärker dotiertem Material ($\varrho < 1\,\Omega$ cm) von der Dotierung abhängen. In Abb. 8.4 ist aus allen diesen Gründen auf der unteren Skala ϱ_n logarithmisch aufgetragen und nicht die Dotierung n_{D^+} (das Mittelgebiet war bei den zugrunde liegenden Strukturen n dotiert). Um einen Vergleich mit der Darstellung in Abb. 8.2 zu erleichtern, sind auf einer oberen Skala Donatorenkonzentrationen angegeben, die dann natürlich nicht von links nach rechts, sondern umgekehrt von rechts nach links wachsen.

Weiter sind die Punchthrough-Abzweigungen für mehrere Mittelgebietsbreiten W eingezeichnet. In Abb. 8.2 erfolgte dieser Anstieg zum Endwert $U_b = \bar{E}_b W$ nach links und geht linear vor sich. Wegen der logarithmischen Auftragung in Abb. 8.4 wird daraus ein asymptotisches Heraufkriechen nach rechts. Vor allem − damit kommen wir über diese formalen Dinge hinaus wieder zu etwas Physikalischem − zeigt die Abb. 8.4 aber, daß der Anstieg von U_b mit $(n_{D^+})^{-1} \sim \varrho_n^1$, wie ihn (8.5) prognostiziert, in der Praxis nicht erreicht wird; die Sperrfähigkeit U_b nimmt mit schwächer werdender Dotierung langsamer zu. Das hängt damit zusammen, daß wir der Übersichtlichkeit halber mit einem konstanten Wert

$2 \cdot 10^5$ V cm^{-1} für die kritische Feldstärke $\vec{E}_b$ gerechnet haben. Ein tieferes Eingehen auf den Mechanismus der Stoßionisation [3] macht es verständlich, daß $\vec{E}_b$ in Wirklichkeit mit abnehmender Dotierung nicht konstant bleibt, sondern abnimmt: Der Breakdown wird mit abnehmender Dotierung leichter, der Gewinn an Sperrfähigkeit geringer.

9 Raumladungswiderstand im Steilanstieg des Sperrstroms

Bisher haben wir in der Poisson-Gleichung (8.1) die Raumladung der beweglichen Träger stets vernachlässigt. Es fragt sich, ob dieses Vorgehen auch beim Steilanstieg des Sperrstroms zulässig ist. Die Trägermengen, die in dieser Situation aus dem Gitter herausgeschlagen werden, kommen nämlich bei den höchsten Stromdichten, die in Sperrichtung noch ohne Zerstörung vertragen werden, in die Größenordnung der Dotierung des Mittelgebiets. Das muß zu beobachtbaren Effekten führen.

Die theoretische Behandlung dieser Frage wird dadurch wesentlich erleichtert, daß bei hohen Sperrspannungen anstelle des Ohmschen Gesetzes

$$i = e\,\mu\,n\,\vec{E} \tag{9.1}$$

ein einfacherer Ansatz tritt. Bei Feldstärken $\vec{E} \geq 10^5$ V cm^{-1} erreicht nämlich die Trägergeschwindigkeit v asymptotisch einen Endwert $v_n \approx 10^7$ cm s^{-1}, der auch bei weiterer Feldstärkesteigerung nicht mehr überschritten wird (Abb. 9.1). An die Stelle von (9.1) tritt also

$$i = e\,v_n\,n\,. \tag{9.2}$$

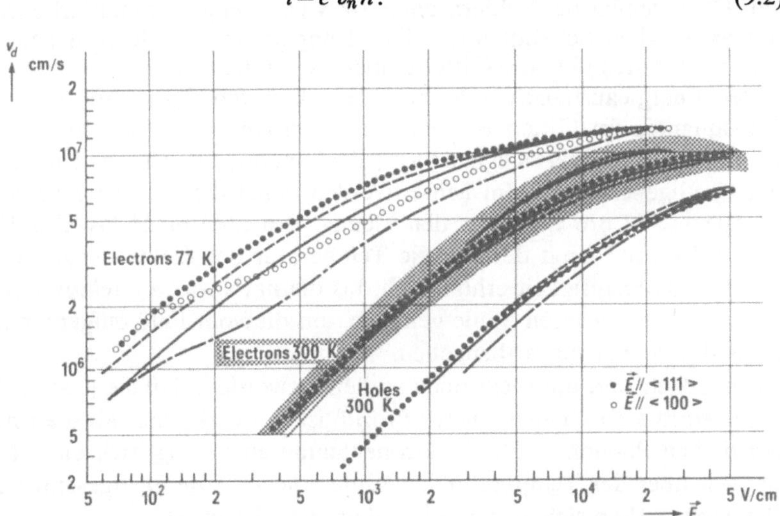

Abb. 9.1. Driftgeschwindigkeit von Elektronen und Löchern. Anisotropieeffekte in Silizium. (Nach C. Canali; G. Ottaviani; A. Alberigi Quaranta: J. Phys. Chem. Solids 32, 1707–1720 (1971))

---

[3] Siehe z. B. Chynowth, A. S., in: Semiconductors and Semimetals. Vol. 4, pp. 263 – 325. Eds.: R. K. Willardson and A. C. Beer. New York, London: Academic Press 1968.

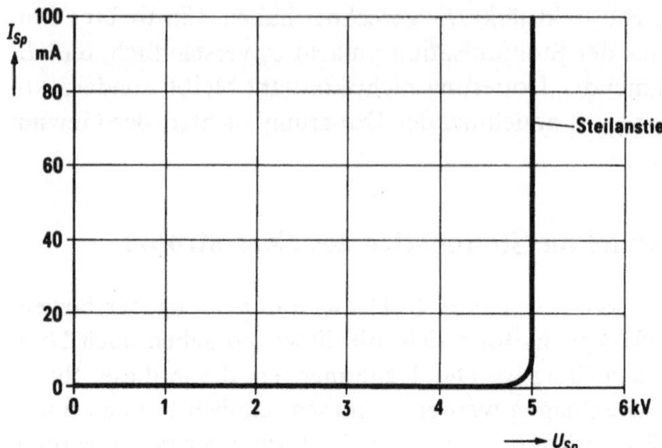

Abb. 9.2. Steilanstieg einer Diodenkennlinie

Als Ursachen für den Wechsel von der Gesetzmäßigkeit (9.1) zu (9.2) hat die Halbleiterphysik folgendes ermittelt [4]. Das thermische Gleichgewicht zwischen dem Elektronengas und den Gitterschwingungen stellt sich bei normalen Temperaturen dadurch ein, daß die Elektronen ebenso viel Energie durch Emission von akustischen Schallquanten ans Gitter abgeben, wie sie durch Absorption von akustischen Schallquanten vom Gitter zurückbekommen. Durch das Anlegen eines elektrischen Feldes werden die Elektronen und Löcher beschleunigt. Sie bekommen vom elektrischen Feld eine Zusatzenergie. Diese müssen sie an das Gitter weitergeben, wenn der sich neu einstellende Zustand wieder stationär sein soll. Dazu genügt bei Feldern unter 10^3 V cm^{-1} eine minimal erhöhte Emission von akustischen Schallquanten. Die Temperatur des Elektronengases braucht nur unwesentlich über die Gittertemperatur zu steigen.

Der Energieaustausch zwischen dem Elektronengas und den akustischen Schallquanten des Gitters ist aber wenig wirksam. Es ist eine ähnliche Situation, als ob leichte schnelle Kugeln (m, v) ihre Energie an schwere langsame Kugeln (M, V) abgeben sollen. Im Mittel werden dabei die leichten Kugeln von ihrer Energie $mv^2/2$ pro Stoß nur den kleinen Bruchteil m/M los. Für Feldstärken über 10^3 V cm^{-1} fängt deshalb die Temperatur des Elektronengases an zu steigen. Die Stoßhäufigkeit erhöht sich, bis die nach wie vor relativ unwirksamen, jetzt aber zahlreicheren Stöße genügen, um die vom Feld aufgenommene Energie an das Phononengas abzugeben.

Schließlich sind die Elektronen so heiß geworden, daß sie jetzt optische Phononen emittieren können. Dieser Prozeß ist viel wirksamer als die Emission von akustischen Phononen. Die Elektronentemperatur sättigt sich dann bei Werten, die weit über der Temperatur des Gitters liegen. Die Driftgeschwindigkeit der Elektronen nähert sich asymptotisch dem Wert 10^7 cm s^{-1}.

Nun zurück zum Steilanstieg des Stromes bei hohen Sperrspannungen. Wird der Sperrstrom einer Diode durch das Anlegen hoher Sperrspannung in den

---

[4] Siehe z. B. Conwell, E. M.: High Field Transport in Semiconductors. New York and London: Academic Press 1967. – Jacobini, C.: Physics of Semiconductors, Proc. 13th Int. Conf. Rome 1976, p. 1195 – 1205.

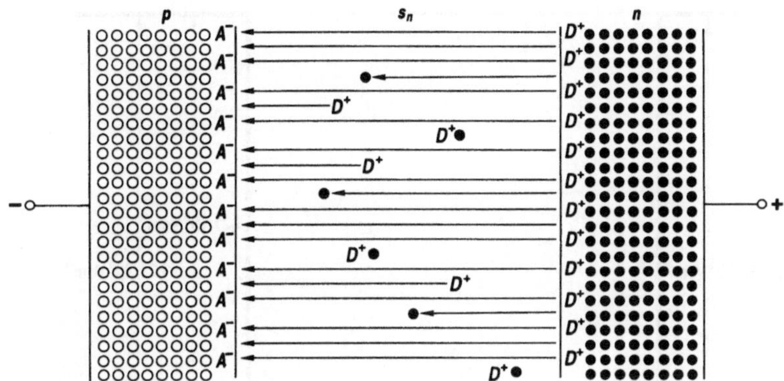

Abb. 9.3. Die Raumladung $(+e\,n_{D^+})$ im Mittelgebiet wird teilweise durch die Raumladung $(-e\,n)$ der Elektronen kompensiert, die den Sperrstrom tragen

Steilanstieg getrieben, so beweist schon diese krasse Änderung des Kennlinienverlaufs (Abb. 9.2), daß die bisherige Quelle des Sperrstroms − die thermische Neuerzeugung − beim Erreichen der Sperrspannung U_b durch einen ganz andersartigen Mechanismus bei weitem übertroffen wird − nämlich durch die Stoßionisation im linken $p\,s_n$-Übergang. Die dort erzeugten Defektelektronen fließen nach links zur Elektrode ab, die neuerzeugten Elektronen nach rechts ins Mittelgebiet. Da die thermische Neuerzeugung im Mittelgebiet vernachlässigt werden darf, ist die Sperrstromdichte i ortsunabhängig. Sie wird nach (9.2) durch eine ortskonstante Elektronenkonzentration

$$n = \frac{i}{e\,v_n} \tag{9.3}$$

getragen, die nun mit ihrer negativen Ladung in der Poisson-Gleichung

$$\frac{\mathrm{d}\vec{E}}{\mathrm{d}x} = +\,\frac{1}{\varepsilon\,\varepsilon_0}\,e\,(n_{D^+} - n) = \frac{1}{\varepsilon\,\varepsilon_0}\,e\left(n_{D^+} - \frac{i}{e\,v_n}\right) \tag{9.4}$$

die positiven Donatoren D^+ der Mittelgebietsdotierung teilweise kompensiert (Abb. 9.3). In einer Darstellung des Feldverlaufes $\vec{E}(x)$, wie wir sie von Abb. 8.1 her schon gewohnt sind (Abb. 9.4), ist also die Steigung $\dfrac{e}{\varepsilon\,\varepsilon_0}\,n_{D^+}$ durch $\dfrac{e}{\varepsilon\,\varepsilon_0}\,(n_{D^+} - n) = \dfrac{e}{\varepsilon\,\varepsilon_0}\left(n_{D^+} - \dfrac{i_{Sp}}{e\,v_n}\right)$ zu ersetzen.

Das Feld $\vec{E}$ hat links im $p\,s_n$-Übergang den kritischen Wert $\vec{E}_b$, bei dem Stoßionisation eintritt. Wird die Sperrspannung über den Wert U_b hinaus gesteigert, so setzt die Stoßionisation schon bei minimaler Zunahme von $\vec{E}$ sehr viel größere Trägermengen frei. Diese zusätzlich freigemachten Elektronen schirmen dabei den linken $p\,s_n$-Übergang von den durch die Spannungserhöhung hinzugekommenen Feldlinien ab (Abb. 9.3). Deshalb darf der Feldstärkenwert links im $p\,s_n$-Übergang belastungs*un*abhängig gleich $\vec{E}_b$ gesetzt werden.

Weiter zeigt die gestrichelte Gerade in Abb. 9.4, daß die Feldstärke $\vec{E}$ nach rechts hin selbst dann nur wenig abnimmt, wenn die Kompensation der positi-

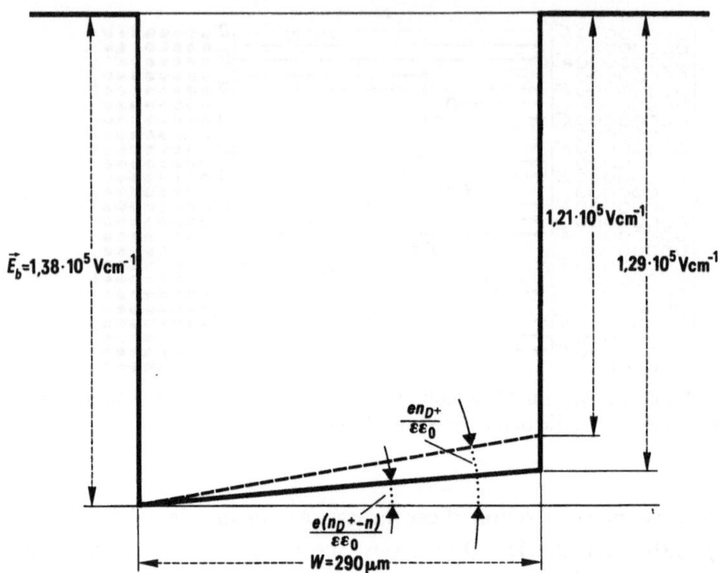

Abb. 9.4. Der Verlauf der elektrischen Feldstärke $\vec{E}(x)$ im Mittelgebiet. Zu Grunde gelegt ist eine Diode mit folgenden Daten: $U_b = 4000$ V, $W = 290$ µm, Stammaterial $\varrho_n = 125\ \Omega$ cm $I_{sp} = 200$ A, Fläche $= 7$ cm²

ven Donatoren durch die negativen Elektronen unberücksichtigt bliebe, erst recht also mit dieser Kompensation (ausgezogene Gerade in Abb. 9.4). Andererseits zeigt Abb. 9.1, daß für Feldstärken über $1 \cdot 10^5$ V cm⁻¹ hinaus die Elektronengeschwindigkeit v_n sich nicht mehr ändert. Es ist also berechtigt, nicht nur $\vec{E}_b$ in Abb. 9.4, sondern auch v_n in (9.4) als unabhängig von der Belastung i_{Sp} und damit das Glied $i_{Sp}/e\, v_n$ als unabhängig vom Orte x zu behandeln.

Die Sperrspannung U_{Sp} ist nun wieder gleich dem Flächeninhalt der $\vec{E}(x)$-Kurve:

$$U_{Sp} = \vec{E}_b\, W - \frac{1}{2}\, W\, \frac{e}{\varepsilon\, \varepsilon_0} \left(n_{D^+} - \frac{i_{Sp}}{e\, v_n}\, W \right) \tag{9.5}$$

$$= \vec{E}_b\, W - \frac{1}{2}\, \frac{e}{\varepsilon\, \varepsilon_0}\, n_{D^+}\, W^2 + \frac{1}{2}\, \frac{1}{\varepsilon\, \varepsilon_0\, v_n}\, W^2\, i_{Sp}. \tag{9.6}$$

Wir gehen von der Sperrstromdichte i_{Sp} zum Sperrstrom $I_{Sp} = A\, i_{Sp}$ über (A: Gleichrichterfläche):

$$U_{Sp} = \text{const} + \frac{1}{2}\, \frac{1}{\varepsilon\, \varepsilon_0 v_n}\, \frac{W^2}{A}\, I_{Sp}. \tag{9.7}$$

Der Steilanstieg der Sperrkennlinie in der Abb. 9.2 hat also „in Wirklichkeit" eine Neigung, die einem Raumladungswiderstand $R_{\text{space charge}} = R_{\text{sc}}$ entspricht:

$$\frac{dU_{Sp}}{dI_{Sp}} = \frac{1}{2}\, \frac{1}{\varepsilon\, \varepsilon_0 v_n}\, \frac{W^2}{A} = R_{\text{sc}}. \tag{9.8}$$

68

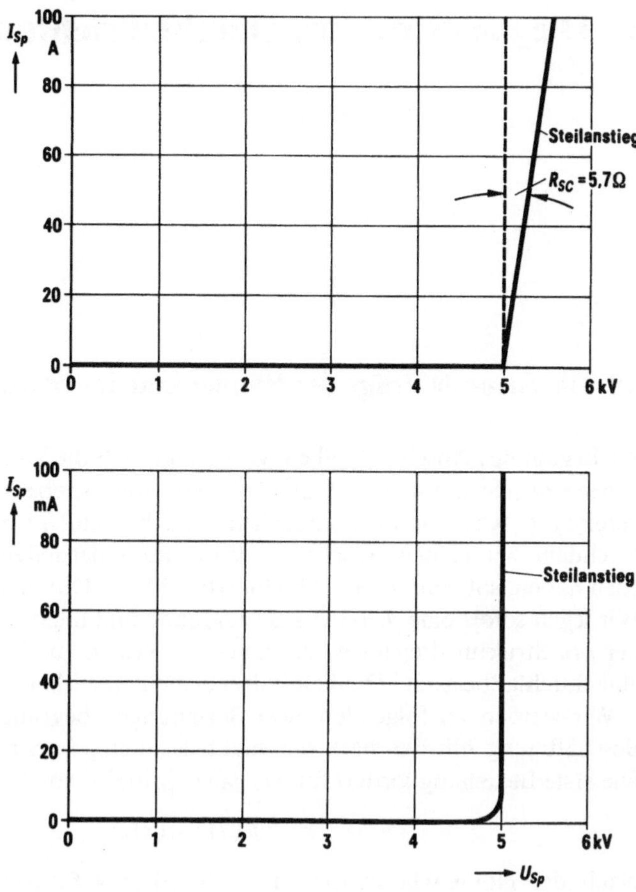

Abb. 9.5. Auswirkungen des Raumladungswiderstandes auf den Steilanstieg einer Dioden-kennlinie

Diese Neigung wird augenfällig, wenn man in Abb. 9.5 den Strommaßstab so verändert, daß Ströme von 100 A in der Darstellung noch erfaßt werden. Ob die experimentelle Realisierung einer solchen Kennlinie überhaupt möglich ist, kann hier nicht entschieden werden. Es würden ja Verlustleistungen von der Größen-ordnung $4000\,\mathrm{V} \cdot 200\,\mathrm{A} = 800\,\mathrm{kW}$ entstehen, die in der „rasierklingendünnen" Sili-ziumscheibe natürlich nur während äußerst kurzer Zeiten anfallen dürfen, da wesentliche Temperaturerhöhungen vermieden werden müßten. Da bei so kurz-zeitigen Stoßbelastungen induktive und kapazitive Spannungen das Bild voll-kommen verfälschen könnten, werfen die Strom- und die Spannungsmessungen auch wieder besondere Probleme auf.

C Die *pin*-Struktur. Durchlaßrichtung

10 Die Strombeiträge der Ränder und des Mittelgebiets

Zu Beginn des Abschn. 7 haben wir gezeigt, daß die von Hall und Dunlap angegebene *psn*-Struktur gute Durchlaß- und gute Sperreigenschaften miteinander vereinbart, was mit dem einfachen *pn*-Übergang nicht möglich war (S. 49). Nachdem wir in den Abschn. 7 − 9 die Besonderheiten des Sperrfalls besprochen haben, soll nun in den Abschn. 10 − 14 der Durchlaßfall behandelt werden. Wir legen sofort eine *pin*-Struktur zugrunde und nicht eine *psn*-Struktur, weil in der *pin*-Struktur diejenigen Vorgänge am besten zur Geltung kommen, die für eine durchlaßbelastete Diode mit drei Schichten wirklich typisch sind.

Wir werden im folgenden zwei Beziehungen begründen, die für die weitere Beschäftigung mit der stark durchlaßbelasteten *pin*-Struktur grundlegend sind. Die erste Beziehung fordert für das ganze Mittel-Gebiet

$$p(x) = n(x). \tag{10.1}$$

Nach der Nomenklatur, die wir in S. 50 eingeführt haben, ist die Injektion in das eigenleitende Mittelgebiet von Anfang an also „stark". Im übrigen erscheint die Bedingung (10.1) zunächst ziemlich selbstverständlich. Größere Gebiete müssen ja neutral sein. Da in einem i-Gebiet keine Dotierung vorhanden ist, kann die Neutralitätsbedingung nur durch den Ansatz (10.1) erfüllt werden.

Dieser Ansatz hat aber Konsequenzen, die zunächst vielleicht etwas befremden. In Abb. 10.1 sind die Trägerkonzentrationen $p(x)$ und $n(x)$ und der Potentialverlauf $V(x)$ dargestellt. Daß $p(x)$ von $x = x_l \,(= x_{\text{„links"}})$ bis $x = 0$ *fallend verläuft*, das dürfte einigermaßen plausibel sein, weil die Defektelektronen ja von links in das Mittelgebiet injiziert werden und dort durch Rekombination versickern. Daß aber jenseits von $x = 0$ die Konzentration $p(x)$ wieder ansteigt, das stößt vielleicht anfangs auf Zweifel. Es handelt sich aber um eine unausweichliche Folge der Forderung (10.1) und es ist vielleicht angebracht, diese Forderung durch eine kleine Zahlenrechnung zu stützen.

Einerseits erfordert eine Stromdichte $i = 50\ \text{A cm}^{-2}$ mit einer mittleren Trägerdichte $\bar{n} = 10^{17}\ \text{cm}^{-3}$ und einer Beweglichkeitssumme $\mu_n + \mu_p = 1000\ \text{cm}^2\,(\text{Vs})^{-1}$ eine Feldstärke

$$\vec{E} = \frac{i}{e(\mu_n + \mu_p)\,\bar{n}} = \frac{5 \cdot 10^{+1}\ \text{A cm}^{-2}}{1{,}6 \cdot 10^{-19}\,\text{As} \cdot 10^{+3}\ \text{cm}^2\,(\text{Vs})^{-1} \cdot 10^{17}\ \text{cm}^{-3}} = 3\ \text{V cm}^{-1}.$$

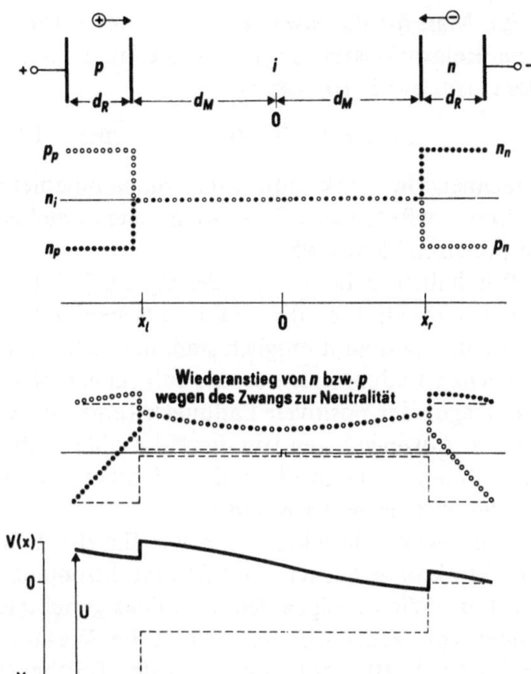

Abb. 10.1. Konzentrationsverteilungen und Potentialverlauf in einer stark durchlaßbelasteten *pin*-Struktur. Dünn gezeichnete Kurven stellen den stromlosen Fall dar

Über dem Mittelgebiet der Breite $300\,\mu\mathrm{m} = 3 \cdot 10^{-2}$ cm entsteht dann eine Spannung von ca. 0,1 V durch den Stromtransport.

Würden andererseits bei der angenommenen mittleren Trägerdichte $\bar{n} = 10^{17}$ cm^{-3} die beiden Konzentrationen p und n nur um ein Prozent verschieden sein, so liefert die Poissonsche Gleichung

$$\frac{\mathrm{d}\vec{E}}{\mathrm{d}x} = \frac{1}{\varepsilon\,\varepsilon_0}\,e\,(p-n)$$

$$= \frac{1}{1{,}037 \cdot 10^{-12}\,\mathrm{As\,(V\,cm)}^{-1}} \cdot 1{,}6 \cdot 10^{-19}\,\mathrm{As} \cdot 1 \cdot 10^{-2} \cdot 10^{17}\,\mathrm{cm}^{-3}$$

$$= 1{,}6 \cdot 10^{+8}\,\mathrm{V\,cm}^{-2}$$

Der angenommene Konzentrationsunterschied von einem Prozent würde also auf einer Strecke von $300\,\mu\mathrm{m} = 3 \cdot 10^{-2}$ cm eine von 0 auf $1{,}6 \cdot 10^{+8}\,\mathrm{V\,cm}^{-2} \cdot 3 \cdot 10^{-2}$ cm $= 4{,}8 \cdot 10^{+6}\,\mathrm{V\,cm}^{-1}$ ansteigende Feldstärke liefern. Die mittlere Feldstärke wäre dann $0{,}5 \cdot 4{,}8 \cdot 10^{+6}\,\mathrm{V\,cm}^{-1} = 2{,}4 \cdot 10^{+6}\,\mathrm{V\,cm}^{-1}$. Über dem Mittelgebiet der Breite $2\,d_M = 3 \cdot 10^{-2}$ cm würde dann eine Spannung $3 \cdot 10^{-2}$ cm $\cdot\ 2{,}4 \cdot 10^{+6}\,\mathrm{V\,cm}^{-1} = 7{,}2 \cdot 10^{+4}$ V entstehen. Diese Spannung wäre $7{,}2 \cdot 10^{+4}$ V$/0{,}1$ V $\approx 7 \cdot 10^{+5}$mal so groß wie die Ohmsche Spannung, die zum Transport der $50\,\mathrm{A\,cm}^{-2}$ erforderlich sind.

Bei Abweichungen um 1% von der Neutralität $p(x) = n(x)$ würden also große Felder entstehen, die die Elektronen und Defektelektronen sofort zur Neutralität zurückzwingen würden.

Ein Maß für das etwas unbestimmte „sofort" dieser Aussage ist die dielektrische Relaxationszeit $\varepsilon\,\varepsilon_0\,\varrho$, für die man im hochohmigen Silizium (z. B. $\varrho_n = 100\,\Omega$ cm, $n = 5 \cdot 10^{13}$ cm^{-3})

$$\varepsilon\,\varepsilon_0\,\varrho = 1{,}037 \cdot 10^{-12}\,\mathrm{As}\,(\mathrm{V\ cm})^{-1} \cdot 10^2\,\mathrm{V\ cm\ A}^{-1} = 1 \cdot 10^{-10}\,\mathrm{s}$$

errechnet. In stark injizierten Siliziumgebieten mit Trägerdichten 10^{17} bis 10^{18} cm^{-3} würden sich Relaxationszeiten ergeben, die nochmals um 4 bis 5 Zehnerpotenzen kleiner wären.

Wir haben es bei der Forderung $p(x) = n(x)$ mit derjenigen Eigenschaft von Halbleitern zu tun, die dafür entscheidend ist, daß bipolare Halbleiterbauelemente überhaupt möglich sind, nämlich mit dem Vorhandensein von *zwei* beweglichen Ladungsträgersorten entgegengesetzter Polarität. In einem Metall, wo die Träger der positiven Ladungen (also die Atom-Rümpfe) unbeweglich sind, können Abweichungen von der Neutralität sich nur in Zeiten halten, deren Größenordnungen durch die außerordentlich kleinen dielektrischen Relaxationszeiten der Metalle gegeben sind [1].

Eine zweite Beziehung, die wir für die Behandlung der durchlaßbelasteten pin-Struktur brauchen, betrifft eine Stromaufteilung auf die drei Gebiete der Struktur. Wir verfolgen den nach links gerichteten Teilchenstrom $s_n(x)$ der Elektronen von rechts nach links durch die Struktur. In eine Schicht zwischen $x + \mathrm{d}x$ und x (Abb. 10.2) tritt von rechts der Teilchenstrom $s_n(x + \mathrm{d}x)$ ein. An der Fläche x verläßt der Teilchenstrom $s_n(x)$ diese Schicht. Die Differenz zwischen $s_n(x + \mathrm{d}x)$ und $s_n(x)$ muß der Rekombinationsüberschuß $R\,\mathrm{d}x$ aufnehmen. Es ergibt sich also

$$s_n(x + \mathrm{d}x) - s_n(x) = R\,\mathrm{d}x. \tag{10.2}$$

In bekannter Weise folgt hieraus

$$\frac{\mathrm{d}s_n}{\mathrm{d}x} = R. \tag{10.3}$$

Diese Gleichung integrieren wir nun über die ganze Struktur von links nach rechts:

$$s_n(x_n + d_R) - s_n(x_p - d_R) = \int\limits_{x_p - d_R}^{x_p} R\,\mathrm{d}x + \int\limits_{x_p}^{x_n} R\,\mathrm{d}x + \int\limits_{x_n}^{x_n + d_R} R\,\mathrm{d}x. \tag{10.4}$$

Am rechten Ende wird der gesamte Strom i von Elektronen getragen. Für den ersten Summanden links haben wir also $(1/e)\,i$ einzusetzen.

Am linken Ende ist der Elektronenstrom durch die Rekombination vollständig aufgezehrt worden. Das zweite Glied auf der linken Seite ist also Null.

Die drei Integrale auf der rechten Seite bezeichnen wir mit I, II und III:

$$\frac{1}{e}\,i - 0 = \mathrm{I} + \mathrm{II} + \mathrm{III}. \tag{10.5}$$

---

[1] Siehe hierzu auch Spenke, E.: Elektronische Halbleiter, 2. Auflage, S. 185 – 188. Berlin, Heidelberg, New York: Springer 1965.

72

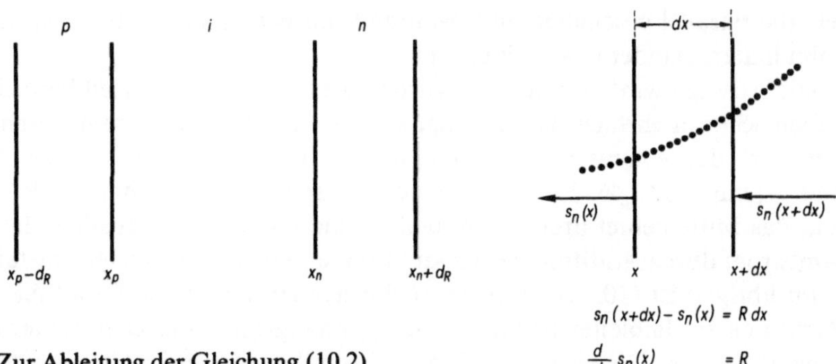

Abb. 10.2. Zur Ableitung der Gleichung (10.2)

Für das erste Integral ergibt sich durch Integration von (10.3) zwischen x_p-d_R und x_p

$$\mathrm{I} = \int_{x_p-d_R}^{x_p} R\,dx = s_n(x_p) - s_n(x_p-d_R) = \frac{1}{e}\,i_n(x_p) - 0. \qquad (10.6)$$

Das zweite Integral benennen wir einfach mit $(1/e)\,i_M$

$$\mathrm{II} = \int_{x_p}^{x_n} R\,dx = \frac{1}{e}\,i_M. \qquad (10.7)$$

Das dritte Integral liefert zunächst die Differenz zwischen dem gesamten Strom und dem von Elektronen an der Stelle x_n getragenen Strom:

$$\mathrm{III} = \int_{x_n}^{x_n+d_R} R\,dx = \frac{1}{e}\,i_n(x_n+d_R) - \frac{1}{e}\,i_n(x_n) = \frac{1}{e}\,i - \frac{1}{e}\,i_n(x_n). \qquad (10.8)$$

Nun setzt sich an der Stelle $x=x_n$ der Gesamtstrom aus den Teilströmen der Elektronen und der Defektelektronen zusammen:

$$i = i_n(x_n) + i_p(x_n). \qquad (10.9)$$

Die auf der rechten Seite von (10.8) stehende Differenz ist also gleich dem Defektelektronenstrom an der Stelle x_n

$$i - i_n(x_n) = i_p(x_n). \qquad (10.10)$$

Somit bekommen wir für das dritte Integral

$$\mathrm{III} = \int_{x_n}^{x_n+d_R} R\,dx = \frac{1}{e}\,i_p(x_n). \qquad (10.11)$$

Werden (10.6), (10.7) und (10.11) in (10.5) eingesetzt, dann ergibt sich

$$i = i_n(x_p) + i_M + i_p(x_n). \qquad (10.12)$$

(10.12) sieht auf den ersten Blick merkwürdig aus. Sie besagt, daß sich die Ströme aus dem p-, dem Mittel- und dem n-Gebiet zu einem Gesamtstrom i additiv zusammensetzen. Eine Addition von Teilströmen erinnert aber an mehrere Leiter, die parallel geschaltet sind, während die genannten Gebiete in der Strombahn hintereinander angeordnet sind.

Die Aussage wird weniger fragwürdig, wenn wir den Sperrfall betrachten. Wir haben schon mehrfach darauf hingewiesen, daß der Sperrstrom durch den Abtransport der gesamten Neuerzeugung entsteht, besonders in den Abschn. 6 und 7 (z. B. Seite 46, 52, 55). Für den Sperrstrom sind daher die Randgebiete und das Mittelgebiet drei Stromquellen, und dann ist es plausibel, daß der Gesamtstrom durch Addition der Produktion der einzelnen Quellen entsteht.

Im übrigen ist (10.12) ein nachdrücklicher Hinweis darauf, daß die einzelnen Partien einer Halbleiterstruktur keine unabhängigen Ohmschen Leiter mit fester Trägerzahl sind. Die einzelnen Gebiete beeinflussen sich im Gegenteil sehr stark, und die Möglichkeit zu diesen Einflußnahmen bietet eben die Tatsache, daß die Trägerkonzentration eines Gebietes durch Injektion oder Extraktion von außen verändert werden kann.

11 Schwache Injektion in den Randgebieten

Im Abschn. 10 haben wir die Konsequenzen besprochen, die das Zusammenfallen der Defektelektronen- und der Elektronenkonzentration ($p=n$) im eigenleitenden Mittelgebiet hat. Weiter haben wir die Aufteilung des Gesamtstromes i auf drei Anteile besprochen, die von den beiden Diffusionsschwänzen und von der Rekombination im Mittelgebiet herrühren. Diese beiden Beziehungen sind für die Behandlung der durchlaßbelasteten pin-Struktur sehr wesentlich. Deshalb haben wir im Abschn. 10 einen möglichst allgemeinen Fall zugrunde gelegt, um klarzustellen, daß die wichtigen Beziehungen (10.1) und (10.12) nicht etwa an sehr spezielle Voraussetzungen geknüpft sind. Im Gegensatz dazu wollen wir in den Abschn. 11 bis 14 jeweils einschränkende Voraussetzungen machen und dabei von einfacheren zu komplizierteren Fällen fortschreiten. Dadurch wird für manches Ergebnis der physikalische Grund um so durchsichtiger.

So behandeln wir im vorliegenden Abschn. 11 den Fall, der schon in Abschn. 5 auf S. 43 erwähnt wurde und in dem Rekombination nur an den Elektroden stattfindet. Deshalb kann innerhalb der Struktur der Gesamtstrom nicht von Defektelektronen auf Elektronen verlagert werden. Da wir außerdem vollständige Symmetrie voraussetzen, gilt für die ganze Struktur wieder (5.11):

$$i_p = i_n = \frac{1}{2}\, i. \tag{11.1}$$

Als zweite Vereinfachung wird vorausgesetzt, daß die Injektion in den hochdotierten Randgebieten schwach bleibt.

Die Konzentrationsverteilungen $p(x)$ und $n(x)$ und den Potentialverlauf $V(x)$ zeigt Abb. 11.1. Im eigenleitenden Mittelgebiet ist ähnlich wie in Abb. 3.3 der gemeinsame Konzentrationswert $p=n$ um den Faktor $e^{U_{Jr}}$ angehoben:

$$p_M = n_M = n_i\, e^{U_{Jr}}. \tag{11.2}$$

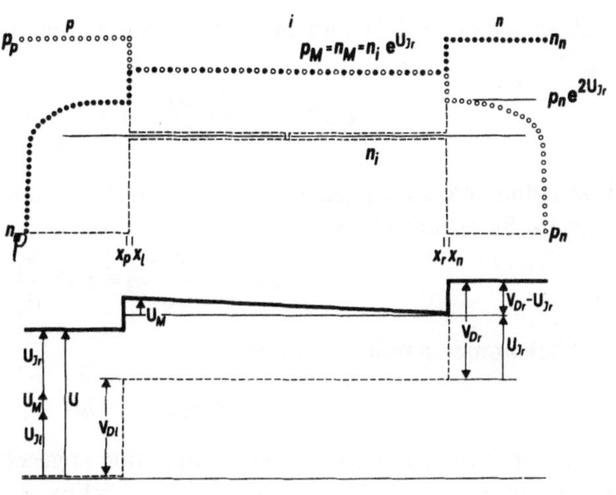

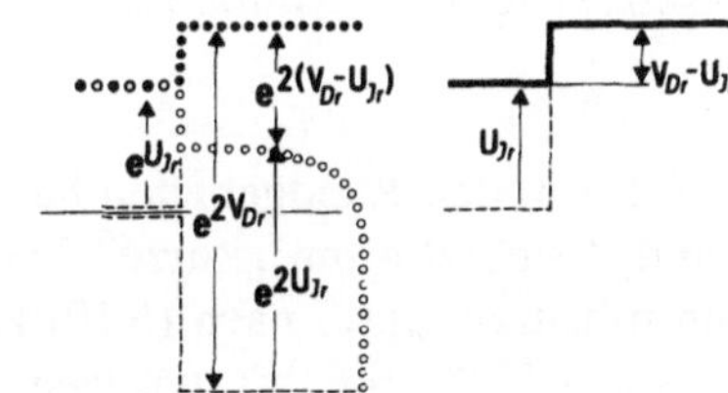

Abb. 11.1. Die Anhebungsfaktoren $e^{U_{Jr}}$ und $e^{2U_{Jr}}$ bei starker Injektion im Mittelgebiet M und schwacher Injektion im Randgebiet R

Im n-Gebiet bekommt aber die Minoritätsträgerkonzentration p_n einen Faktor $e^{2U_{Jr}}$:

$$p(x_n) = p_n \, e^{2U_{Jr}}. \tag{11.3}$$

Dieser Umstand ist für starke Injektion typisch, und deshalb wollen wir ihn etwas ausführlicher anhand der Abb. 11.1 begründen.

Im in-Übergang setzen wir wieder Boltzmann-Gleichgewicht an. Die Abweichungen hiervon, die wir in Abschn. 4 ausführlich besprochen haben, betrafen ja nur den Sperrfall. Wegen des Boltzmann-Gleichgewichts sind nach Abschn. 1, S. 17, die logarithmisch aufgetragenen Trägerkonzentrationen $n\,(x)$ und $p\,(x)$ mit dem linear aufgetragenen Potentialverlauf kongruent bzw. gespiegelt kongruent. Deshalb unterscheiden sich im n-Gebiet die Konzentrationen p und n im stromlosen Zustand um einen Faktor $e^{2V_{Dr}}$ und im Belastungsfall um den Faktor $e^{2(V_D - U_{Jr})}$. Für die Anhebung der Defektelektronenkonzentration vom Gleichgewichtswert p_n aus liefert das den Faktor $e^{2U_{Jr}}$.

Wegen der fehlenden Rekombination sind im Mittelgebiet die Konzentrationen $p_M = n_M$ ortsunabhängig. (11.2) gilt also nicht nur für die Randwerte bei $x = x_r$, sondern quer durch das ganze i-Gebiet. Diffusionsströme fallen dort also nicht an, und für die Stromdichte (11.1) gilt mit einem Potentialabfall U_M über dem Mittelgebiet M

$$i_p = \frac{1}{2}\, i = e\,\mu\, p_M \, \frac{U_M}{2\, d_M} \tag{11.4}$$

und weiter mit (11.2) und mit Verwendung einer reduzierten Spannung $U_M = U_M/\mathscr{V}$

$$i = e\,\mu\,\mathscr{V}\,\frac{n_i\,\mathrm{e}^{U_{Jr}}}{d_M}\,\frac{U_M}{\mathscr{V}} = e\,\mu\,\frac{\mathscr{V}}{d_M}\,n_i\,\mathrm{e}^{U_{Jr}}\,U_M. \tag{11.5}$$

Wir definieren analog zu (3.28) und mit Verwendung der Nernst-Townsend-Einstein-Beziehung (1.13)

$$i_{SM} = e\,\mu\,\frac{\mathscr{V}}{d_M}\,n_i = e\,D\,\frac{n_i}{d_M} \tag{11.6}$$

und bekommen damit aus (11.5)

$$i = i_{SM}\,\mathrm{e}^{U_{Jr}}\,U_M. \tag{11.7}$$

Da wir im Mittelgebiet keine Rekombination angesetzt haben, entsteht dort kein Strombeitrag i_M. Machen wir außerdem gleich noch Gebrauch von der vorausgesetzten völligen Symmetrie der Struktur, so liefert (10.12)

$$i = 2\,i_p(x_n). \tag{11.8}$$

Auch in den Randgebieten haben wir keine Rekombination angenommen. Es handelt sich also um „kurze" Bahngebiete im Sinne von Abschn. 5, so daß der Strombeitrag $i_p(x_n)$ nach (5.10) zu berechnen ist. An die Stelle des Terms $\mathrm{e}^{U/\mathscr{V}}$ ist aber $\mathrm{e}^{2\,U_{Jr}/\mathscr{V}} = \mathrm{e}^{2\,U_{Jr}}$ zu setzen, denn als Folge der starken Injektion im Mittelgebiet beträgt nach (11.3) die Konzentrationsanhebung am Anfang des rechten Diffusionsschwanzes $\mathrm{e}^{2\,U_{Jr}}$ anstatt $\mathrm{e}^{U_{Jr}}$. Wir erhalten also

$$i = 2\,e\,\frac{D}{d_R}\,p_n\,(\mathrm{e}^{2\,U_{Jr}} - 1). \tag{11.9}$$

Analog zu (11.6) führen wir auch für ein Randgebiet R eine Sättigungsstromdichte ein:

$$i_{SR} = e\,D\,\frac{p_n}{d_R} = e\,\mu\,\frac{\mathscr{V}}{d_R}\,p_n. \tag{11.10}$$

Dann erhalten wir aus (11.9)

$$i = 2\,i_{SR}\,(\mathrm{e}^{2\,U_{Jr}} - 1). \tag{11.11}$$

Wir lösen nach $\mathrm{e}^{U_{Jr}}$ auf:

$$\mathrm{e}^{U_{Jr}} = \left(1 + \frac{1}{2}\,\frac{i}{i_{SR}}\right)^{\frac{1}{2}}. \tag{11.12}$$

Dies setzen wir in (11.7) ein und bekommen für die Mittelgebietsspannung

$$U_M = \frac{i}{i_{SM}}\,(\mathrm{e}^{U_{Jr}})^{-1} = \frac{i}{i_{SM}}\left(1 + \frac{1}{2}\,\frac{i}{i_{SR}}\right)^{-\frac{1}{2}}. \tag{11.13}$$

Für die Spannung U_{Jr} an einem Randgebiet liefert (11.12)

$$U_{Jr} = \frac{1}{2}\,\ln\left(1 + \frac{1}{2}\,\frac{i}{i_{SR}}\right). \tag{11.14}$$

Die Gesamtspannung

$$U = 2\,U_{Jr} + U_M \tag{11.15}$$

wird schließlich

$$U = \ln\left(1 + \frac{1}{2}\,\frac{i}{i_{SR}}\right) + \left(1 + \frac{1}{2}\,\frac{i}{i_{SR}}\right)^{-\frac{1}{2}} \cdot \frac{i}{i_{SM}}\,. \tag{11.16}$$

Das hier behandelte Modell ist recht primitiv (Rekombination nur an den Elektroden, Injektion in den hochdotierten Randgebieten nur schwach, völlige Symmetrie). Trotzdem erscheinen schon zwei Ergebnisse, die für das Starkwerden der Injektion charakteristisch sind.

a) Es ergibt sich die sog. „Modulation" eines Bahnwiderstandes: Für $i \to \infty$ folgt aus (11.13)

$$U_M \sim i^{\frac{1}{2}}\,. \tag{11.17}$$

Die Bahnspannung U_M im Mittelgebiet befolgt nicht mehr das Ohmsche Gesetz $U_M \sim i^1$. Der Grund ist natürlich die Anhebung der Trägerdichten im Mittelgebiet. Aus (11.2) folgt nämlich in Verbindung mit (11.12)

$$p_M = n_M = n_i\,e^{U_{Jr}} = n_i\left(1 + \frac{1}{2}\,\frac{i}{i_{SR}}\right)^{\frac{1}{2}}, \tag{11.18}$$

also für $i \to \infty$

$$p_M = n_M \sim i^{\frac{1}{2}}\,. \tag{11.19}$$

b) Die Konzeptionen „Minoritätsträger" und „Diffusionsschwanz" sind in den Randgebieten bei immer stärker werdender Belastung $i \to \infty$ nicht mehr zulässig. Die Minoritätsträgerkonzentration $p(x_n)$ am linken Rand $x = x_n$ des n-Gebiets wird nach (11.3)

$$p(x_n) = p_n\left[e^{U_{Jr}}\right]^2 \tag{11.20}$$

und mit (11.12)

$$p(x_n) = p_n\left(1 + \frac{1}{2}\,\frac{i}{i_{SR}}\right)^{\frac{1}{2}\cdot 2} \to p_n\,\frac{1}{2}\,\frac{i}{i_{SR}}\,. \tag{11.21}$$

Wird die Sättigungsstromdichte i_{SR} nach (11.10) eingesetzt, so folgt

$$p(x_n) \to p_n\,\frac{i}{2\,e\mu\,\dfrac{\mathcal{V}}{d_R}\,p_n} = \frac{i}{2\,e\mu\,\dfrac{\mathcal{V}}{d_R}}\,. \tag{11.22}$$

Die Defektelektronen sind aber keine Minoritätsträger mehr, wenn ihre Randdichte $p(x_n)$ mit der Dotierung n_{D+} vergleichbar wird. Vielmehr beginnt dann auch in den Randgebieten die Injektion stark zu werden. Als Grenze können wir also mit (11.22)

$$p(x_n) \approx \frac{i}{2\,e\mu\,\dfrac{\mathcal{V}}{d_R}} < n_{D+}\,, \tag{11.23}$$

$$i < 2\,e\mu\,\frac{\mathcal{V}}{d_R}\,n_{D+} \tag{11.24}$$

ansetzen. In (12.94) wird sich als Grenze

$$i \approx 2 e \mu \, \frac{\mathscr{V}}{d_R} \, (p_p + n_p) \qquad (11.25)$$

ergeben. Auch in Abschn. 12 werden wir völlige Symmetrie und hohe Dotierung in den Randgebieten ansetzen. Es ist also

$$p_p + n_p \approx n_{A-} = n_{D+} \qquad (11.26)$$

Man sieht, daß die beiden Grenzen (11.25) und (11.24) identisch sind. Mit den Werten

$$e = 1,6 \cdot 10^{-19} \, \text{As}; \qquad D = \mu \mathscr{V} = 1,4 \, \text{cm}^2 \, \text{s}^{-1}; \qquad d_R = 20 \, \mu\text{m}; \qquad n_{A-} = 6 \cdot 10^{18} \, \text{cm}^{-3}$$
$$(11.27)$$

ergibt sich als Grenze für *starke* Injektion in den Randgebieten

$$i = 1,3 \cdot 10^3 \, \text{A cm}^{-2} . \qquad (11.28)$$

Derartige Stromdichten werden bei Stoßstromexperimenten erreicht.

Als Vorbereitung auf Abschn. 14 wollen wir an (11.11) noch einige Bemerkungen knüpfen. Wir können nach (11.15) den Exponenten $2 \, U_{Jr}$ durch $(U - U_M)$ ersetzen:

$$i = 2 \, i_{SR} \, (e^{(U - U_M)} - 1). \qquad (11.29)$$

Der Vergleich mit (3.26) bzw. (5.7) zeigt zunächst einen Faktor 2. Er wird dadurch verursacht, daß wir gegenüber den Abschn. 3 und 5 vollständige Symmetrie vorausgesetzt haben und daß i_{SR} in (11.29) die Sättigungsstromdichte nur eines Diffusionsschwanzes bedeutet, während in (3.26) unter i_S die Sättigungsstromdichte beider Diffusionsschwänze zusammen zu verstehen ist. Ferner wurde jetzt in der Struktur ein Mittelgebiet M angesetzt, wodurch in (11.29) eine Bahnspannung U_M auftritt.

Eine Rekombination in diesem Mittelgebiet werden wir aber erst in den Abschn. 13 und 14 berücksichtigen. Deshalb zeigt (11.29) immer noch eine große Ähnlichkeit mit den Shockleyschen Fällen der Abschn. 3 und 5. Wenn wir von dem Term -1 absehen – er hat ja nur für die ganz kleinen Spannungen $U \ll 1$ Bedeutung – und wenn wir dann den Quotienten

$$\frac{i}{i_{SR}} = 2 \, e^{(U - U_M)}$$

einfachlogarithmisch auftragen, ergibt sich eine „Shockleysche Gerade" $e^{(U - U_M)}$ mit der Steigung U (Abb. 14.3.2).

Im Gegensatz dazu wird in Abschn. 13 die Berücksichtigung einer Rekombination im Mittelgebiet eine „Hallsche Gerade" $e^{\frac{1}{2}(U - U_M)}$ mit der Steigung $\frac{1}{2}$ U liefern (Abb. 14.3.1).

12 Starke Injektion in den Randgebieten

Im Gegensatz zum Abschn. 11 wollen wir jetzt auch in den hochdotierten Randgebieten (siehe Abb. 12.1 und Abb. 12.2) das Starkwerden der Injektion berück-

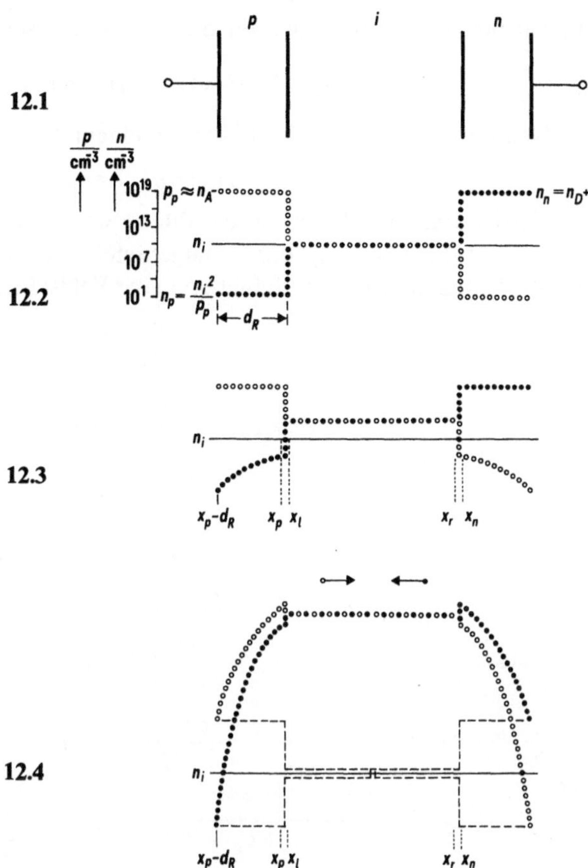

Abb. 12.1. *pin*-Struktur

Abb. 12.2. *pin*-Gleichrichter. Stromloser Fall

Abb. 12.3. *pin*-Gleichrichter. Niedrige Durchlaßbelastung. Die Injektion ist in den Randgebieten noch „schwach". Im undotierten Mittelgebiet ist sie von Anfang an „stark"

Abb. 12.4. *pin*-Gleichrichter. Hohe Durchlaßbelastung. Die Injektion ist auch in den Randgebieten „stark" geworden

sichtigen (Übergang von Abb. 12.3 zu Abb. 12.4). Sonst behalten wir die Voraussetzungen des Abschn. 11 bei (Rekombination nur an den Elektroden, völlige Symmetrie der Struktur). Im Sinne des Abschn. 5 sind die Randgebiete also „kurz". Ebenfalls gilt (11.1) weiter:

$$i_n(x) = i_p(x) = \text{const} = \frac{1}{2}\, i.$$

Wir müssen jetzt die Feld- und Konzentrationsverteilungen $\vec{E}(x)$, $p(x)$ und $n(x)$ ermitteln. Für diese drei Unbekannten stehen folgende drei Gleichungen zur Verfügung: die Zusammensetzung des Defektelektronenstromes aus einem Diffusions- und einem Feldstromanteil:

$$-e\mu\,\mathscr{V}\,p'(x) + e\mu\,p(x)\,\vec{E}(x) = \frac{1}{2}\, i; \tag{12.1}$$

die entsprechende Gleichung für die Elektronen (schon früher als (4.1) benutzt):

$$+e\mu\,\mathscr{V}\,n'(x)+e\mu\,n(x)\,\vec{E}(x)=\frac{1}{2}\,i; \tag{12.2}$$

die Neutralitätsbedingung im linken Randgebiet:

$$p(x)-n(x)=n_{A-}\,. \tag{12.3}$$

Um lästige Faktoren loszuwerden, führen wir reduzierte Größen ein. Dabei benutzen wir die Dicke d_R des Randgebietes, die Summe p_p+n_p der Gleichgewichtsdichten im linken p-Gebiet und eine Feldstärke $\mathscr{V}/d_R$ als Bezugsgrößen:

$$\frac{x}{d_R}=\mathrm{x}, \tag{12.4}$$

$$\frac{d_M}{d_R}=\mathrm{d}_M, \tag{12.5}$$

$$\frac{p(x)}{p_p+n_p}=\mathrm{p}(\mathrm{x}), \tag{12.6}$$

$$\frac{n(x)}{p_p+n_p}=\mathrm{n}(\mathrm{x}), \tag{12.7}$$

$$\frac{n_{A-}}{p_p+n_p}=\mathrm{n}_{A-}, \tag{12.8}$$

$$\frac{\vec{E}(x)}{\mathscr{V}/d_R}=\vec{\mathrm{E}}(\mathrm{x}), \tag{12.9}$$

$$\frac{i}{e\mu\,(p_p+n_p)\,\mathscr{V}/d_R}=\mathrm{i}. \tag{12.10}$$

Da die Dicke d_R des Randgebiets als Bezugsgröße benutzt wird, hat das Randgebiet die reduzierte Breite $d_R/d_R=1$, und das linke Randgebiet hat die Grenzen x_p-1 und x_p.

Die drei Gleichungen (12.1) bis (12.3) erhalten dann folgende Gestalt:

$$\mathrm{p}(\mathrm{x})-\mathrm{n}(\mathrm{x})=\mathrm{n}_{A-}, \tag{12.11}$$

$$-\mathrm{p}'(\mathrm{x})+\mathrm{p}(\mathrm{x})\,\vec{\mathrm{E}}(\mathrm{x})=\frac{1}{2}\,\mathrm{i}, \tag{12.12}$$

$$+\mathrm{n}'(\mathrm{x})+\mathrm{n}(\mathrm{x})\,\vec{\mathrm{E}}(\mathrm{x})=\frac{1}{2}\,\mathrm{i}. \tag{12.13}$$

Das sind drei Gleichungen für die drei Unbekannten $\mathrm{p}(\mathrm{x})$, $\mathrm{n}(\mathrm{x})$ und $\vec{\mathrm{E}}(\mathrm{x})$. Ihre Lösungen lauten

$$\mathrm{p}(\mathrm{x})=\frac{1}{2}\,\left[\sqrt{1+2\,\mathrm{i}\,\mathrm{n}_{A-}(\mathrm{x}-\mathrm{x}_p+1)}+\mathrm{n}_{A-}\right], \tag{12.14}$$

$$\mathrm{n}(\mathrm{x})=\frac{1}{2}\,\left[\sqrt{1+2\,\mathrm{i}\,\mathrm{n}_{A-}(\mathrm{x}-\mathrm{x}_p+1)}-\mathrm{n}_{A-}\right], \tag{12.15}$$

$$\vec{\mathrm{E}}(\mathrm{x})=\frac{\mathrm{i}}{\sqrt{1+2\,\mathrm{i}\,\mathrm{n}_{A-}(\mathrm{x}-\mathrm{x}_p+1)}}\,. \tag{12.16}$$

Die Erfüllung von (12.11) bis (12.13) kann man durch Einsetzen von (12.14) bis (12.16) ohne Schwierigkeit verifizieren. Es muß aber auch geprüft werden, ob an der linken Elektrode $x=x_p-d_R$ oder in reduzierten Größen $x=x_p-1$ die Lösungen (12.14) und (12.15) die richtigen Randwerte liefern. Es ergeben sich die Randwerte

$$p(x_p-1) = \frac{1}{2}[1+n_{A^-}],\tag{12.17}$$

$$n(x_p-1) = \frac{1}{2}[1-n_{A^-}].\tag{12.18}$$

Es ist nicht ohne weiteres ersichtlich, daß das die richtigen Randwerte p_p und n_p sind. Nun gilt für die unreduzierten Randwerte p_p und n_p die Identität

$$\frac{p_p}{p_p+n_p} + \frac{n_p}{p_p+n_p} = \frac{p_p+n_p}{p_p+n_p} = 1,\tag{12.19}$$

für die reduzierten Randwerte p_p und n_p also

$$p_p+n_p = 1.\tag{12.20}$$

Außerdem müssen aber die Randwerte auch der Neutralitätsbedingung (12.3) genügen, die wir gleich in reduzierter Form schreiben:

$$p_p-n_p = n_{A^-}.\tag{12.21}$$

Addition bzw. Subtraktion dieser beiden Gleichungen liefern also

$$1+n_{A^-} = 2\,p_p\tag{12.22}$$

bzw.

$$1-n_{A^-} = 2\,n_p.\tag{12.23}$$

Dies wird in (12.17) und in (12.18) benutzt, und es folgt

$$p(x_p-1) = p_p,\tag{12.24}$$

$$n(x_p-1) = n_p.\tag{12.25}$$

Die Lösungen (12.14) und (12.15) liefern also tatsächlich am linken Ende $x=x_p-1$ des Randgebietes die richtigen Randwerte. Am rechten Ende, also für $x=x_p$ werden nach (12.14) und (12.15) folgende Randwerte erreicht:

$$p(x_p) = \frac{1}{2}[\sqrt{1+2\,i\,n_{A^-}} + n_{A^-}],\tag{12.26}$$

$$n(x_p) = \frac{1}{2}[\sqrt{1+2\,i\,n_{A^-}} - n_{A^-}].\tag{12.27}$$

Im Mittelgebiet x_l bis x_r haben die Konzentrationen einen gemeinsamen ortsunabhängigen Wert:

$$n(x_l) = p(x_l) = p_M = n_M = p(x_r) = n(x_r).\tag{12.28}$$

In der schmalen Raumladungszone zwischen x_p und x_l liegt im stromlosen Fall eine Diffusionsspannung (Abb. 12.2 und 12.3)

$$V_{Dl} = \mathscr{V} \ln \frac{n_l}{n_p}. \tag{12.29}$$

Bei Stromdurchgang wird diese Potentialstufe um eine Junction-Spannung U_{Jl} vermindert. Wir wenden nun auf diese Raumladungszone das Boltzmann-Prinzip an und benutzen dabei gleich wieder reduzierte Größen und reduzierte Spannungen $V/\mathscr{V} = V$ und $U/\mathscr{V} = U$:

$$p(x_l) = p(x_p)\, e^{-(V_{Dl} - U_{Jl})}, \tag{12.30}$$

$$n(x_l) = n(x_p)\, e^{+(V_{Dl} - U_{Jl})}. \tag{12.31}$$

Durch Multiplikation folgt

$$p(x_l)\, n(x_l) = p(x_p)\, n(x_p) \tag{12.32}$$

und mit (12.28)

$$n_M^2 = p(x_p)\, n(x_p) \tag{12.33}$$

bzw.

$$n_M = \left\{ p(x_p)\, n(x_p) \right\}^{\frac{1}{2}}. \tag{12.34}$$

Mit (12.26) und (12.27) folgt

$$n_M = \frac{1}{2} \left\{ \left[\sqrt{1 + 2\,i\,n_{A^-}} + n_{A^-} \right] \cdot \left[\sqrt{1 + 2\,i\,n_{A^-}} - n_{A^-} \right] \right\}^{\frac{1}{2}} \tag{12.35}$$

und mit (12.22), (12.23)

$$p_M = n_M = \frac{1}{2} \left\{ 1 + 2\,i\,n_{A^-} - n_{A^-}^2 \right\}^{\frac{1}{2}} = \frac{1}{2} \left\{ (1 + n_{A^-})(1 - n_{A^-}) + 2\,i\,n_{A^-} \right\}^{\frac{1}{2}}$$

$$= \frac{1}{2} \left\{ 2\,p_p \cdot 2\,n_p + 2\,i\,n_{A^-} \right\}^{\frac{1}{2}} = \frac{1}{2} \left\{ 4\,n_i^2 + 2\,i\,n_{A^-} \right\}^{\frac{1}{2}}. \tag{12.36}$$

Mit (12.14), (12.15) und (12.36) sind die Konzentrationen quer durch die *pin*-Struktur bekannt.

Deshalb können wir jetzt die Ermittlung der Teilspannungen in den einzelnen Abschnitten der *pin*-Struktur in Angriff nehmen. Am einfachsten ist dies im Mittelgebiet. Wegen der vorausgesetzten völligen Symmetrie, die natürlich auch $\mu_n = \mu_p = \mu$ umfaßt, steht dort für den Ladungstransport nach (12.36) insgesamt eine Trägermenge

$$p_M + n_M = \left\{ 4\,n_i^2 + 2\,i\,n_{A^-} \right\}^{\frac{1}{2}} \tag{12.36.1}$$

mit der Beweglichkeit μ zur Verfügung. Diese Trägermenge ist außerdem ortsunabhängig; Diffusionsströme fallen deshalb nicht an. Zur Erzeugung der Stromdichte i ist also eine Feldstärke

$$\vec{E}_M = \frac{i}{e\,\mu\,(p_p + n_M)} \tag{12.37}$$

erforderlich. Wir gehen wieder zu reduzierten Größen über:

$$\frac{\vec{E}_M}{\dfrac{\mathscr{V}}{d_R}} = \frac{i}{e\,\mu\,\dfrac{\mathscr{V}}{d_R}\,(p_p+n_p)\,\dfrac{p_M+n_M}{p_p+n_p}}\,. \tag{12.38}$$

Mit Benutzung von (12.9) und (12.10) und mit dem Wert (12.36.1) folgt

$$\vec{E}_M = \frac{i}{p_M+n_M} = \frac{i}{\left\{4\,n_i^2+2\,i\,n_{A-}\right\}^{1/2}}\,. \tag{12.39}$$

Über dem Mittelgebiet der Breite $2\,d_M$ baut diese ortskonstante Feldstärke eine Spannung U_M auf:

$$U_M = 2\,d_M\,\vec{E}_M \tag{12.40}$$

oder in reduzierten Größen

$$\mathrm{U}_M = 2\,\mathrm{d}_M\,\vec{\mathrm{E}}_M\,. \tag{12.41}$$

Mit Benutzung des Wertes (12.39) ergibt sich

$$\mathrm{U}_M = 2\,\mathrm{d}_M\,\frac{i}{\left\{4\,n_i^2+2\,i\,n_{A-}\right\}^{1/2}}\,. \tag{12.42}$$

In der linken schmalen Raumladungszone zwischen x_p und x_l fällt eine Junction-Spannung U_{Jl} an, für die die logarithmierte Boltzmann-Gleichung (12.31)

$$\mathrm{U}_{Jl} = \mathrm{V}_{Dl} - \ln\frac{\mathrm{n}(\mathrm{x}_l)}{\mathrm{n}(\mathrm{x}_p)} \tag{12.43}$$

liefert. Für die rechte Raumladungszone x_r und x_n gilt entsprechend

$$\mathrm{U}_{Jr} = \mathrm{V}_{Dr} - \ln\frac{\mathrm{n}(\mathrm{x}_n)}{\mathrm{n}(\mathrm{x}_r)}\,. \tag{12.44}$$

Beide Raumladungszonen zusammen liefern also eine Junction-Spannung

$$\mathrm{U}_{Jl}+\mathrm{U}_{Jr} = \mathrm{U}_J = \mathrm{V}_{Dl}+\mathrm{V}_{Dr} - \ln\frac{\mathrm{n}(\mathrm{x}_l)}{\mathrm{n}(\mathrm{x}_p)} - \ln\frac{\mathrm{n}(\mathrm{x}_n)}{\mathrm{n}(\mathrm{x}_r)} = \mathrm{V}_D - \ln\frac{\mathrm{n}(\mathrm{x}_n)\,\mathrm{n}(\mathrm{x}_l)}{\mathrm{n}(\mathrm{x}_p)\,\mathrm{n}(\mathrm{x}_r)}\,. \tag{12.45}$$

Im Mittelgebiet sind die Konzentrationen ortsunabhängig. Also ist

$$\frac{\mathrm{n}(\mathrm{x}_l)}{\mathrm{n}(\mathrm{x}_r)} = 1\,, \tag{12.46}$$

$$\mathrm{U}_J = \mathrm{V}_D - \ln\frac{\mathrm{n}(\mathrm{x}_n)}{\mathrm{n}(\mathrm{x}_p)}\,. \tag{12.47}$$

Wegen der vorausgesetzten Symmetrie ist

$$\mathrm{n}(\mathrm{x}_n) = \mathrm{p}(\mathrm{x}_p)\,. \tag{12.48}$$

Das liefert

$$\mathrm{U}_J = \mathrm{V}_D - \ln\frac{\mathrm{p}(\mathrm{x}_p)}{\mathrm{n}(\mathrm{x}_p)}\,. \tag{12.49}$$

Mit (12.26) und (12.27) folgt schließlich

$$U_J = V_D - \ln \frac{\sqrt{1+2\,i\,n_{A^-}} + n_{A^-}}{\sqrt{1+2\,i\,n_{A^-}} - n_{A^-}}.$$ (12.50)

Ein weiterer Spannungsabfall U_R entsteht über den Randgebieten. Er ergibt sich durch Integration von (12.16):

$$U_{Rl} = i \int_{x=x_p-1}^{x=x_p} \frac{dx}{\sqrt{1+2\,i\,n_{A^-}(x-x_p+1)}}$$

$$= \frac{1}{n_{A^-}} \int_{x=x_p-1}^{x=x_p} \frac{2\,i\,n_{A^-}\,dx}{2\sqrt{1+2\,i\,n_{A^-}(x-x_p+1)}}$$

$$= \frac{1}{n_{A^-}} \left[\sqrt{1+2\,i\,n_{A^-}(x-x_p+1)} \right]_{x=x_p-1}^{x=x_p}$$

$$= \frac{1}{n_{A^-}} \left[\sqrt{1+2\,i\,n_{A^-}} - 1 \right].$$ (12.51)

Der Spannungsabfall U_R über beiden Randgebieten zusammengenommen ist wegen der vorausgesetzten Symmetrie doppelt so groß. So erhalten wir schließlich

$$U_R = \frac{2}{n_{A^-}} \left[\sqrt{1+2\,i\,n_{A^-}} - 1 \right].$$ (12.52)

Der gesamte Spannungsabfall U über der *pin*-Struktur setzt sich aus den Anteilen U_M, U_J und U_R zusammen, für die wir in Abhängigkeit von der Stromdichte i die Werte (12.42), (12.50) und (12.52) ermittelt haben.

Um diese Gleichungen zu diskutieren, müssen wir für die darin vorkommenden reduzierten Größen d_M, V_D, n_{A^-}, p_p und n_p einigermaßen realistische Werte einsetzen. In den Randgebieten derartiger Strukturen beträgt die Dotierung häufig

$$n_{A^-} = 10^{18}\ \text{cm}^{-3} = p_p - n_p.$$ (12.53)

Für die Inversionsdichte n_i soll man nach Wasserrab [2]

$$n_i = 1{,}0 \cdot 10^{10}\ \text{cm}^{-3}$$ (12.54)

ansetzen. Dann wird

$$n_p = \frac{n_i^2}{n_{A^-}} = \frac{10^{20}\ \text{cm}^{-6}}{10^{18}\ \text{cm}^{-3}} = 10^2\ \text{cm}^{-3}.$$ (12.55)

Für die als Bezugsgröße für alle Konzentrationen benutzte Größe $p_p + n_p$ ergibt sich

$$p_p + n_p = 10^{18}\ \text{cm}^{-3}\,(1 + 10^{-16}) \approx 10^{18}\ \text{cm}^{-3} = n_{A^-}.$$ (12.56)

---

[2] Wasserrab, T. H.: Arch. Elektrotech. 58 (1976) 27–37.

Für die reduzierten Größen n_{A^-} und p_p erhält man also mit großer Genauigkeit

$$p_p \approx n_{A^-} \approx 1 \qquad (12.57)$$

und

$$n_p \approx \frac{10^2 \ \text{cm}^{-3}}{10^{18} \ \text{cm}^{-3}} = 10^{-16} \ll 1 . \qquad (12.58)$$

Wenn es sich allerdings um solche Ausdrücke wie $1-n_{A^-}$ oder $1-n_{A^-}^2$ handelt, genügt (12.57) natürlich nicht. Man muß dann (12.23) und (12.58) benutzen:

$$1-n_{A^-} = 2\,n_p \approx 2 \cdot 10^{-16} \qquad (12.59)$$

und weiter mit (12.57) und (12.59)

$$1-n_{A^-}^2 = (1+n_{A^-})\,(1-n_{A^-}) \approx 2\,(1-n_{A^-}) = 4\,n_p \approx 4 \cdot 10^{-16} . \qquad (12.60)$$

Für die Gleichgewichtswerte p_p und n_p gilt das Massenwirkungsgesetz $p_p\,n_p = n_i^2$, woraus mit (12.57) und (12.58) für den reduzierten Wert n_i der Inversionsdichte

$$n_i \approx \sqrt{1 \cdot n_p} = 1 \cdot 10^{-8} \qquad (12.61)$$

folgt.

Für die Breite d_R eines Randgebietes ist 20 µm ein einigermaßen realistischer Wert, und die halbe Breite d_M des Mittelgebietes kann z. B.

$$d_M = 200 \ \mu\text{m} \qquad (12.62)$$

betragen. Der reduzierte Wert d_M ist dann

$$d_M = \frac{d_M}{d_R} = 10 . \qquad (12.63)$$

Die reduzierte Diffusionsspannung V_D entnehmen wir (12.49), die wir unter Benutzung von (12.57) und (12.58) auf den stromlosen Fall anwenden:

$$0 = V_D - \ln \frac{p_p}{n_p} \approx V_D - \ln \frac{1}{n_p} , \qquad (12.64)$$

$$V_D = \ln \frac{1}{10^{-16}} = \ln 10^{16} = 16 \cdot 2{,}3026 = 36{,}84 . \qquad (12.65)$$

Wir diskutieren zuerst die Junction-Spannung U_J nach (12.50), die wir für kleine Werte der Stromdichte $i \ll 1$ auswerten:

$$U_J \approx V_D - \ln \frac{1 + i\,n_{A^-} + n_{A^-}}{1 + i\,n_{A^-} - n_{A^-}} = V_D - \ln \frac{(1 + n_{A^-})\left(1 + i\,\dfrac{n_{A^-}}{1 + n_{A^-}}\right)}{(1 - n_{A^-})\left(1 + i\,\dfrac{n_{A^-}}{1 - n_{A^-}}\right)} \qquad (12.66)$$

$$\approx V_D - \ln \frac{1 + n_{A^-}}{1 - n_{A^-}} - \ln \frac{1 + i\,\dfrac{n_{A^-}}{1 + n_{A^-}}}{1 + i\,\dfrac{n_{A^-}}{1 - n_{A^-}}} . \qquad (12.67)$$

Weiter ergibt sich mit (12.64), (12.57) und (12.59)

$$U_J \approx \ln\frac{1}{n_p} - \ln\frac{1+1}{2\,n_p} - \ln\frac{1+i\dfrac{1}{1+1}}{1+i\dfrac{1}{2\,n_p}}. \tag{12.68}$$

Die ersten beiden Glieder heben sich weg, es bleibt

$$U_J \approx +\ln\frac{1+\dfrac{1}{2\,n_p}\,i}{1+\dfrac{1}{2}\,i}. \tag{12.69}$$

Hier kann der i-Term im Nenner wegen der Voraussetzung $i \ll 1$ weggelassen werden; im Zähler muß er aber wegen (12.58) beibehalten werden:

$$U_J \approx \ln\left(1+\frac{1}{2\,n_p}\,i\right), \tag{12.70}$$

$$e^{U_J} \approx 1+\frac{1}{2\,n_p}\,i,$$

$$i \approx 2\,n_p\,(e^{U_J}-1). \tag{12.71}$$

Mit Hilfe von (12.10) und (12.7) kann man zu den unreduzierten Größen i und n_p zurückkehren und sieht dann, daß (12.71) die Wagnersche Kennliniengleichung (5.10) für „kurze" Bahngebiete ist. Für kleine Werte der Stromdichte i ergibt sich also nichts Neues. Wenn aber (12.64) in

$$n_p = e^{-V_D} \tag{12.72}$$

umgeschrieben wird, kann man (12.71) für $U_J > 1$ in die Gestalt

$$i = 2\,e^{-(V_D-U_J)} \quad\text{bzw.}\quad U_J = V_D + \ln\frac{i}{2} \tag{12.73}$$

bringen. Hier deutet sich schon an, daß der Wert V_D für die Junction-Spannung U_J eine besondere Bedeutung hat.

Ganz klar wird das aber erst, wenn wir (12.50) unter Berücksichtigung von (12.57) für große Werte von $i \gg 1$ auswerten:

$$U_J \approx V_D - \ln\frac{\sqrt{2\,i}+1}{\sqrt{2\,i}-1} = V_D - \ln\frac{(\sqrt{2\,i}+1)^2}{(\sqrt{2\,i})^2 - 1^2}$$

$$\approx V_D - \ln\frac{2\,i+2\sqrt{2\,i}}{2\,i} = V_D - \ln\left(1+\frac{2}{\sqrt{2\,i}}\right) \tag{12.74}$$

$$\approx V_D - \sqrt{\frac{2}{i}}. \tag{12.75}$$

Wir sehen jetzt, daß die Junctionspannung U_J nur bis zur Diffusionsspannung V_D steigen kann. Für $U_J \to V_D$ geht nämlich die Stromdichte

$$i = \frac{2}{(V_D - U_J)^2} \to \infty .$$ (12.76)

Den ganzen Verlauf (12.50) von U_J mit i zeigt die Abb. 12.5. Durch die einfach-logarithmische Auftragung wird der anfängliche exponentielle Anstieg (12.71) bzw. (12.73) von i mit U_J gut sichtbar. Bei $i \approx 0{,}5$ schwenkt dann die U_J-Kurve

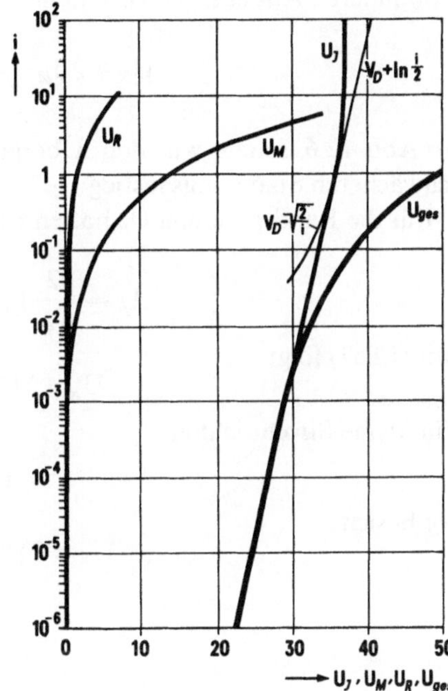

Abb. 12.5.
Junctionspannung U_J ⎫
Mittelgebietsspannung U_M ⎬ in Abhängigkeit von der
Randgebietsspannung U_R ⎭ Stromdichte i
Gesamtspannung U_{ges}
Einfach-logarithmische Darstellung

zur asymptotischen Annäherung (12.76) an die Diffusionsspannung V_D hinüber. Aus (12.50) ist ja auch unmittelbar ersichtlich, daß sich für $2\,i\,n_{A-} > 1$, also bei $i = \frac{1}{2}\,n_{A-} \approx 0{,}5$ der Kurvenverlauf ändern muß.

Wir diskutieren jetzt (12.42) und (12.52) für die Bahnspannungen U_M und U_R. Zunächst wird aus (12.42) mit (12.57)

$$U_M = 2\,d_M \frac{i}{\sqrt{2\,i + 4\,n_i^2}} .$$ (12.77)

Für

$$i \ll 2\,n_i^2$$ (12.78)

ergibt sich

$$U_M \approx \frac{2\,d_M}{\sqrt{4\,n_i^2}}\,i ,$$ (12.79)

$$U_M \approx \frac{2\,d_M}{2\,n_i}\,i .$$ (12.80)

87

Hier ist der Faktor $2\,d_M/2\,n_i$ der Bahnwiderstand des Mittelgebiets, das die Länge $2\,d_M$ hat und dessen Trägerdichte

$$p_M + n_M = 2\,n_i$$

beträgt, solange die Injektion noch nicht wirksam geworden ist. Erst für

$$i \gg 2\,n_i^2 \tag{12.81}$$

werden Träger aus den hochdotierten Randgebieten in nennenswertem Maße in das Mittelgebiet injiziert, und der dortige Bahnwiderstand nimmt ab, er wird „moduliert". Aus (12.77) wird dann

$$U_M \approx 2\,d_M \frac{i}{\sqrt{2\,i}} = \sqrt{2}\ d_M \sqrt{i}\ . \tag{12.82}$$

In Abb. 12.6 sehen wir den Übergang vom ohmschen Gesetz $U_M \sim i^1$ zum schwächeren Spannungsanstieg $U_M \sim i^{1/2}$.

Für die Randspannung U_R hatten wir (12.52) gefunden:

$$U_R = \frac{2}{n_{A-}} \left[\sqrt{1 + 2\,i\,n_{A-}} - 1 \right] . \tag{12.83}$$

Mit (12.57) folgt

$$U_R = 2 \left[\sqrt{1 + 2\,i} - 1 \right] . \tag{12.84}$$

Für kleine Stromdichten

$$i \ll \frac{1}{2} \tag{12.85}$$

ergibt sich

$$U_R \approx 2\,[1 + i - 1] = 2\,i\ . \tag{12.86}$$

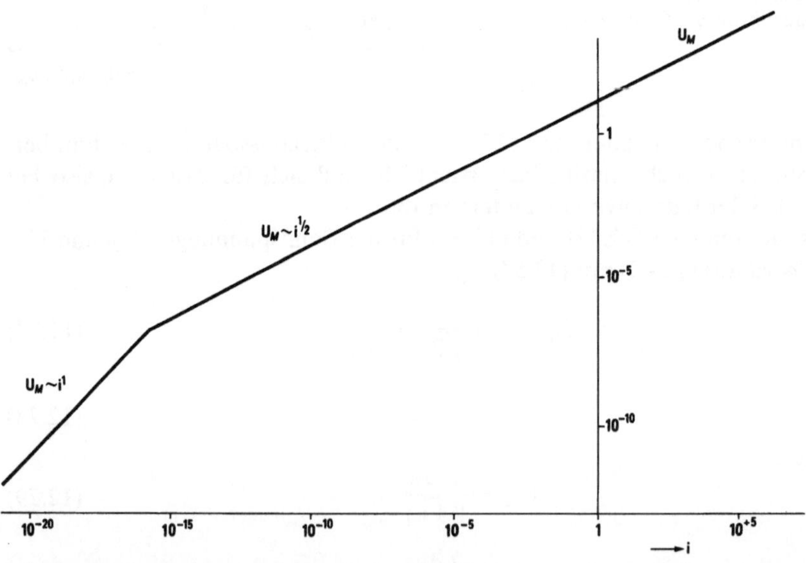

Abb. 12.6. Mittelgebietsspannung U_M in Abhängigkeit von Stromdichte i. Doppelt-logarithmische Darstellung

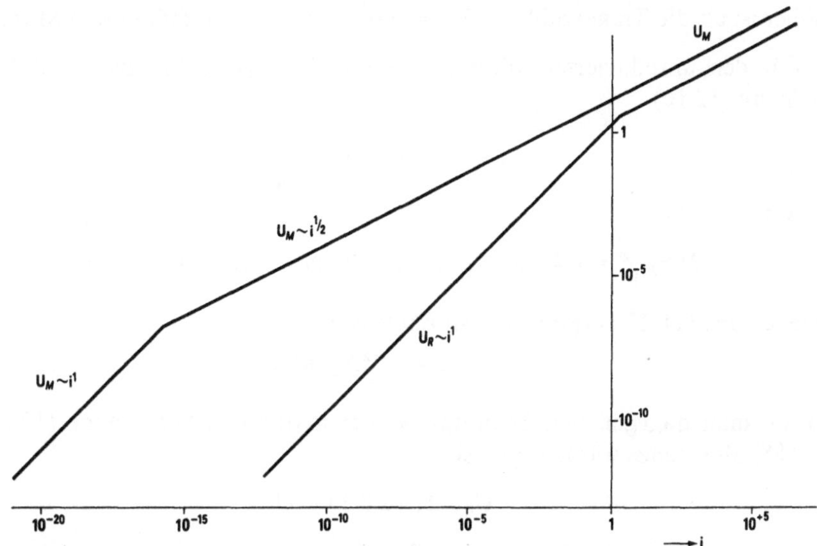

Abb. 12.7. Mittelgebietsspannung U_M $\Big\}$ in Abhängigkeit von Stromdichte i
Randgebietsspannung U_R
Doppelt-logarithmische Darstellung

Weil wir bei der Einführung der reduzierten Größen in (12.4) bis (12.10) die Daten d_R und $p_p + n_p$ eines Randgebietes als Bezugsgrößen benutzt haben, ist der reduzierte Widerstand *eines* Randgebiets gleich 1 und der der beiden in Reihe liegenden Randgebiete gleich 2. So wird der Faktor 2 in (12.86) verständlich.

Für große Stromdichten

$$i \gg \frac{1}{2} \qquad (12.87)$$

folgt aus (12.84)

$$U_R \approx 2\sqrt{2\,i}\,. \qquad (12.88)$$

Den ganzen Verlauf von U_R mit i zeigen die Abb. 12.5 und 12.7.

Genau wie bei U_M sorgt auch in den stark dotierten Randgebieten schließlich das Starkwerden der Injektion dafür, daß der Bahnwiderstand der Randgebiete nicht konstant bleibt, sondern abnimmt. Damit dies eintritt, muß aber in den hochdotierten Randgebieten nach (12.87)

$$i \gg \frac{1}{2} \qquad (12.89)$$

sein, während im eigenleitenden Mittelgebiet nach (12.81) schon

$$i \gg 2\,n_i^2 = 2 \cdot 10^{-16}$$

genügt. Es ist ja auch sehr gut verständlich, daß die widerstandsvermindernde Wirkung der Injektion im Mittelgebiet viel früher einsetzt als in den Randgebieten, deren Trägerzahl mit $n_{A^-} = 10^{18}$ cm^{-3} um mehr als sieben Zehnerpotenzen höher ist als die Trägerzahl $\quad 2n_i = 2\cdot 10^{10}\ \text{cm}^{-3}\quad$ im undotierten Mittelgebiet.

Für den unreduzierten Wert der Grenze i=½ ((12.85) bzw. (12.87)) erhält man mit (12.10)

$$i = \frac{1}{2}\cdot e\mu\,(p_p + n_p)\,\frac{\mathscr{V}}{d_R}.\tag{12.90}$$

Mit den Daten

$$D = \mu\mathscr{V} = 1,4\ \text{cm}^2\ \text{s}^{-1};\quad d_R = 20\ \mu\text{m};\quad n_{A-} = 6\cdot 10^{18}\ \text{cm}^{-3}$$

[siehe auch (11.27)] ergibt sich ein Zahlenwert

$$i = 3,4\cdot 10^2\,\text{A cm}^{-2}.\tag{12.91}$$

Wenn man dagegen den Schnittpunkt der asymptotischen Gänge (12.86) und (12.88) als Grenze wählt, ergibt sich

$$U_R = 2i = 2\sqrt{2\,i} = U_R;\tag{12.92}$$

$$i = 2;\quad U_R = 4\tag{12.93}$$

und mit (12.10)

$$i = 2e\mu\,(p_p + n_p)\,\frac{\mathscr{V}}{d_R}.\tag{12.94}$$

Auf diesen Wert wurde in (11.25) bezug genommen. Man sieht aber vor allem am Verhalten von U_J in Abb. 12.5, daß der Wert i = ½ das Einsetzen der starken Injektion besser charakterisiert als der Wert i = 2. Im übrigen müssen diese Zahlenwerte cum grano salis betrachtet werden. Die Voraussetzung, daß die Rekombination nur an den Elektroden stattfindet, ist eine starke Vereinfachung, und die Annahme völliger Symmetrie trifft bei realen Diodenstrukturen natürlich auch nicht zu. Das Bedenken, daß die Beweglichkeiten μ_n und μ_p der Elektronen und der Löcher sich um einen Faktor 3 unterscheiden, verliert allerdings gerade bei den hier in Rede stehenden ganz starken Belastungen an Gewicht. Die Beweglichkeiten μ_n und μ_p sind nämlich nicht nur feldstärkeabhängig (Abb. 9.1), sondern nehmen mit steigenden Trägerkonzentrationen (in hochdotierten Halbleitergebieten oder in stark injizierten Strukturen) um eine Zehnerpotenz und mehr ab und nähern sich dabei vor allem immer mehr einander an.

Zu den Abb. 12.6 und 12.7 muß schließlich noch gesagt werden, daß die Kurvenverläufe für die kleinen i-Werte eine strenge *pin*-Struktur voraussetzen. In der Praxis hat aber das Stammaterial selbst in hochsperrenden Dioden nur einen spezifischen Widerstand von 150 Ω cm bzw. immer noch eine Mittelgebietsdotierung

$$n_{D+M} = 3\cdot 10^{13}\ \text{cm}^{-3} = 3\cdot 10^3\cdot 10^{10}\ \text{cm}^{-3} = 3\cdot 10^3\,n_i.\tag{12.96}$$

Wird die Stromdichte i stetig verringert, so nähern sich schließlich die bis dahin zusammenfallenden Konzentrationen (12.36)

$$p_M = n_M = \frac{1}{2}\left\{4\,n_i^2 + 2\,i\,n_{A-}\right\}^{\frac{1}{2}}$$

dem Dotierungswert n_{D^+M}. Bei weiterer Absenkung der Strombelastung i bleibt die Elektronenkonzentration n an der Dotierung n_{D^+M} hängen: die Struktur geht vom *pin-* zum *ps_nn*-Verhalten über.

Nach (12.36) ist das für

$$p_M = n_M \approx \frac{1}{2}\left\{2\,i\,n_{A-}\right\}^{\frac{1}{2}} = n_{D^+M}$$

der Fall. Mit (12.57) ergibt sich

$$i_{\text{Grenze}} = 2\,n_{D^+M}^2 \tag{12.97}$$

bzw. bei dem Dotierungswert (12.96) speziell

$$i_{\text{Grenze}} = 2\,(3\cdot 10^3\,n_i)^2 = 1{,}8\cdot 10^7\,n_i^2. \tag{12.98}$$

Von diesem Wert ab wird sich also das Mittelgebiet ohmsch verhalten; in Abb. 12.6 wird eine i^1-Gerade ($45°$-Gerade) von dem $i^{1/2}$-Gang abzweigen. Im Fall der strengen *pin*-Struktur ist das nach (12.81) (und wie in Abb. 12.6) erst ab

$$i \approx 2\,n_i^2 \tag{12.99}$$

der Fall. Der um sieben Zehnerpotenzen niedrigere i-Wert (12.99) hat also nur einen recht akademischen Charakter.

13 Rekombination nur im Mittelgebiet[3]

Um den rechnerischen Aufwand in vernünftigen Grenzen zu halten, mußte im Abschn. 12 die etwas realitätsferne Annahme „Rekombination nur an den Elektroden" gemacht werden. Gegenüber den am Schluß des Abschn. 11 mit einem noch einfacheren Modell erzielten Ergebnissen kam als neu nur die Aussage (12.75)

$$U_J \approx V_D - \sqrt{\frac{2}{i}}$$

hinzu. Da man das gleiche auch für den einfachen *pn*-Übergang[4] und für den *pi*-Übergang[5] erzielt, darf man wohl dieses Ergebnis und die Modulation der Bahnwiderstände des Mittelgebiets (12.82) und der Randgebiete (12.88) als typisch auch für andere Fälle mit nicht so starken Einschränkungen betrachten. Wir wollen uns jedenfalls in den Abschn. 13 und 14 auf schwache Injektionen in den hochdotierten Randgebieten beschränken. Dagegen wollen wir die Einschränkung „Rekombination nur an den Elektroden" fallenlassen und im vorliegenden Abschn. 13 „Rekombination im Mittelgebiet M" und in Abschn. 14 auch noch „Rekombination in den Randgebieten R" zulassen.

---

[3] Dieser Fall, der für die Leistungselektronik so bedeutsam ist (Hängekurven!), wurde schon 1952 von R. N. Hall behandelt: Proc. IRE 40 (1952) 1512.

[4] Herlet, A.: Z. Naturforsch. 11 a (1956) 498 − 510.

[5] Spenke, E.: Elektronische Halbleiter, 2. Aufl., S. 158 − 165. Berlin, Heidelberg, New York: Springer 1965.

Der Defektelektronenstrom $i_p(x)$ durchfließt die *pin*-Struktur von links nach rechts und versickert dabei durch das Überwiegen der Rekombination über die Neuerzeugung. Analog zur Ableitung von (3.1) oder (10.3) ergibt sich also

$$\frac{\mathrm{d}i_p(x)}{\mathrm{d}x} = -eR.\tag{13.1}$$

Wegen

$$i_p(x) + i_n(x) = i = \mathrm{const}\tag{13.2}$$

muß der Elektronenstrom $i_n(x)$ in gleichem Maße zunehmen wie der Defektelektronenstrom $i_p(x)$ abnimmt:

$$\frac{\mathrm{d}i_n(x)}{\mathrm{d}x} = +eR.\tag{13.3}$$

Setzt man $i_p(x)$ aus dem Diffusions- und dem Feldstrom zusammen, so erhält man nach Division mit der Elektronenladung e

$$\frac{\mathrm{d}}{\mathrm{d}x}\left(-D\,\frac{\mathrm{d}p(x)}{\mathrm{d}x} + \mu p(x)\vec{E}(x)\right) = -R.\tag{13.4}$$

In analoger Weise folgt aus (13.3)

$$\frac{\mathrm{d}}{\mathrm{d}x}\left(+D\,\frac{\mathrm{d}n(x)}{\mathrm{d}x} + \mu n(x)\vec{E}(x)\right) = +R.\tag{13.5}$$

Dazu kommt die Neutralitätsbedingung (10.1), die im undotierten oder stark überschwemmten Mittelgebiet

$$p(x) = n(x)\tag{13.6}$$

lautet. Eliminiert man $p(x)$ mit Hilfe von (13.6) aus (13.4), so kommt

$$-D\,\frac{\mathrm{d}^2}{\mathrm{d}x^2}n(x) + \mu\,\frac{\mathrm{d}}{\mathrm{d}x}\left(n(x)\vec{E}(x)\right) = -R.\tag{13.7}$$

Ausdifferenzieren der linken Seite von (13.5) liefert die entsprechende Gleichung

$$+D\,\frac{\mathrm{d}^2}{\mathrm{d}x^2}n(x) + \mu\,\frac{\mathrm{d}}{\mathrm{d}x}\left(n(x)\vec{E}(x)\right) = +R.\tag{13.8}$$

Addition bzw. Subtraktion von (13.7) und (13.8) bringt schließlich

$$\mu\,\frac{\mathrm{d}}{\mathrm{d}x}\left(n(x)\vec{E}(x)\right) = 0\tag{13.9}$$

bzw.

$$D\,\frac{\mathrm{d}^2}{\mathrm{d}x^2}n(x) = R\tag{13.10}$$

(13.9) kann sofort integriert werden. Die Integrationskonstante ist natürlich die mit $2e\mu$ dividierte gesamte Stromdichte i

$$n(x)\vec{E}(x) = \frac{1}{2e\mu}\,i.\tag{13.11}$$

Wegen der Annahme gleicher Beweglichkeiten $\mu_n=\mu_p=\mu$ und wegen (13.6) heben sich eben die Diffusionsströme gegenseitig auf.

Zur weiteren Bearbeitung von (13.10) muß ein Ansatz für den Rekombinationsüberschuß R gemacht werden. Dazu kann man von der bekannten Hall-Shockley-Read-Formel ausgehen[6]

$$R=\frac{np-n_i^2}{\tau^{(p\,0)}(n+K_{DC})+\tau^{(n\,0)}(p+K_{DV})}\,. \tag{13.12}$$

Diese Gleichung beschreibt einen Rekombinationsprozeß, bei dem ein Leitungselektron aus dem Leitungsband C zunächst in ein Rekombinationszentrum D fällt und erst in einem zweiten Schritt von D ins Valenzband V. Das Zentrum D ist besonders wirksam, wenn sein Energieniveau in der Mitte des verbotenen Bandes liegt und wenn es gleichen Wirkungsquerschnitt gegenüber Leitungs- und Defektelektronen hat. Dann sind die beiden Massenwirkungskonstanten K_{DC} und K_{DV} einander gleich. Ihr gemeinsamer Wert ist dann gleich der Inversionsdichte n_i:

$$K_{DC}=K_{DV}=n_i \tag{13.13}$$

und aus (13.12) ergibt sich unter Zuhilfenahme der Neutralitätsgleichung (13.6)

$$R=\frac{n^2-n_i^2}{\tau^{(p\,0)}(n+n_i)+\tau^{(n\,0)}(n+n_i)}=\frac{n-n_i}{\tau^{(p\,0)}+\tau^{(n\,0)}}=\frac{n-n_i}{\tau} \tag{13.14}$$

Hierbei ist

$$\tau=\tau^{(p\,0)}+\tau^{(n\,0)} \tag{13.15}$$

eine „Lebensdauer" der Elektronen und Defektelektronen in dem neutralen i-Gebiet. Der Ansatz

$$R=\frac{n-n_i}{\tau} \tag{13.16}$$

pflegt nun zur Behandlung von (13.10) ganz allgemein gemacht zu werden ohne Rücksicht auf den speziellen Charakter der Rekombinationsprozesse, bei denen z. B. mehrere Arten von Rekombinationszentren mitwirken können oder die gar keinen Punktcharakter zu haben brauchen, wie z. B. Rekombination an Kristallversetzungen. Der Ansatz (13.16) hat nämlich den großen Vorteil, (13.10) zu linearisieren, und man vertraut darauf, daß eine „effektive" Lebensdauer τ nur schwach von der gemeinsamen Konzentration $n=p$ der Träger abhängt. Man läßt dann fast immer den Subtrahenden im Zähler von (13.16) weg, der bei starker Injektion $n=p\gg n_i$ sowieso unwesentlich wird[7] und macht einfach den Ansatz

$$R=\frac{n}{\tau}\,. \tag{13.17}$$

---

[6] Siehe z. B. Spenke, E.: Elektronische Halbleiter, 2. Aufl., S. 473, Gl. (IX 3.19). Berlin, Heidelberg, New York: Springer 1965.

[7] Bei der Zerstörung der Dioden oder Thyristoren durch starke Überlaststöße in Durchlaßrichtung bei den sog. i^2t-Versuchen wird das Glied $-n_i$ im Zähler von (13.16) doch und sogar entscheidend wichtig. Darauf hat W. Gerlach hingewiesen.

Die sich dann ergebende Gleichung

$$Dn''(x) = \frac{1}{\tau} n(x) \qquad (13.18)$$

hat so einfache Lösungen wie

$$n(x) = C \cosh \frac{x}{L}, \qquad (13.19)$$

wobei

$$L = \sqrt{D\tau} = \sqrt{\mu \mathscr{V} \tau} \qquad (13.20)$$

wieder den Charakter einer „Diffusionslänge" hat. Zur Bestimmung der Integrationskonstanten C müssen nun die Randbedingungen aufgestellt werden, die an den Grenzen $x = \pm d_M$ des Mittelgebiets zu beachten sind.

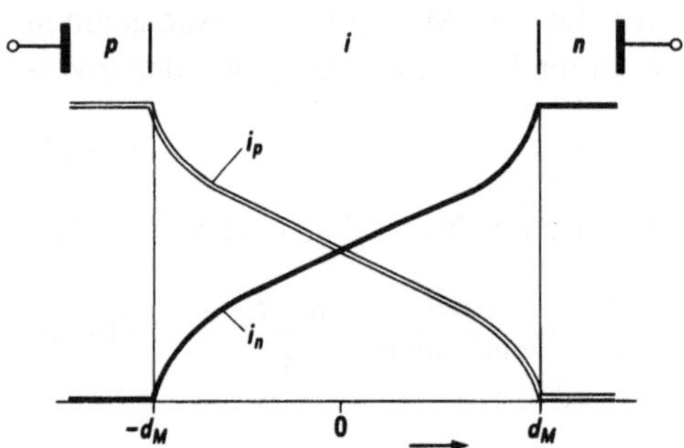

Abb. 13.1. Aufteilung der Stromdichte i auf Elektronen (i_n) und Löcher (i_p). Rekombination nur in der Mitte

Zu Beginn des vorliegenden Abschn. 13 haben wir angekündigt, daß wir erst in Abschn. 14 die Rekombination auch in den hochdotierten Randgebieten R berücksichtigen wollen. Dann müssen jetzt der Defektelektronenstrom $i_p(x)$ und der Elektronenstrom $i_n(x)$ so verlaufen, wie es Abb. 13.1 zeigt. Insbesondere müssen an der Grenze $x = +d_M$ des Mittelgebiets die Teilströme i_p und i_n folgende Werte annehmen:

$$i_p(+d_M) = 0 \qquad i_n(+d_M) = i. \qquad (13.21)$$

Hier setzen wir nun i_p und i_n aus den jeweiligen Diffusions- und Feldstromanteilen zusammen:

$$i_p(x) = -eD_p p'(x) + e\mu_p p(x) \vec{E}(x); \qquad i_n(x) = +eD_n n'(x) + e\mu_n n(x) \vec{E}(x).$$
$$(13.22)$$

Wir berücksichtigen dabei die nach wie vor angenommene Symmetrie, insbesondere

$$\mu_n = \mu_p = \mu. \qquad (13.23)$$

Weiter benutzen wir die Nernst-Townsend-Einstein-Beziehung $D = \mu \mathscr{V}$ (1.13). Schließlich machen wir auch von der Neutralitätsbedingung $p(x) = n(x)$ (13.6) Gebrauch:

$$-e\mu \mathscr{V} n'(+d_M) + e\mu n(+d_M) \vec{E}(+d_M) = 0, \qquad (13.24)$$

$$+e\mu \mathscr{V} n'(+d_M) + e\mu n(+d_M) \vec{E}(+d_M) = i. \qquad (13.25)$$

Wir subtrahieren (13.24) von (13.25):

$$+2e\mu\mathscr{V}\,n'(+d_M)+0 = i.\tag{13.26}$$

Als Randbedingung zur Bestimmung von C in (13.19) erhalten wir also

$$n'(+d_M)=\frac{C}{L}\sinh\frac{d_M}{L}=\frac{1}{2e\mu\mathscr{V}}\,i.\tag{13.27}$$

Mit dem hieraus resultierenden Wert von C erhalten wir also für die Konzentrationsverteilung im Mittelgebiet (Abb. 13.2)

$$n(x)=p(x)=\frac{1}{2e\mu\dfrac{\mathscr{V}}{L}}\,i\,\frac{\cosh\dfrac{x}{L}}{\sinh\dfrac{d_M}{L}}.\tag{13.28}$$

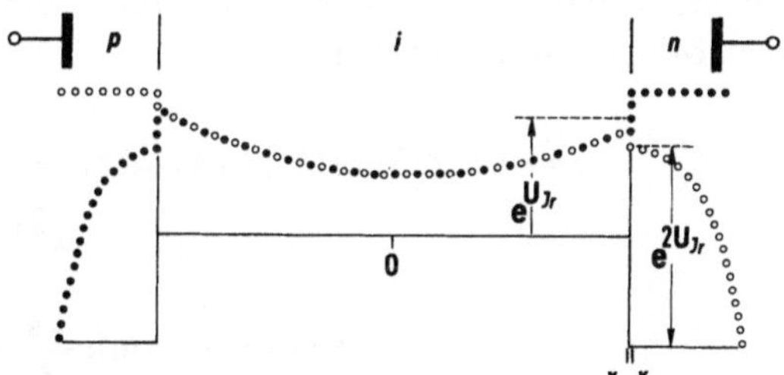

Abb. 13.2. Konzentrationsverteilungen der Elektronen und der Löcher. Rekombination nur in der Mitte

Eine wichtige und recht anschauliche Größe ist der Mittelwert der Konzentration:

$$\bar{n}=\frac{1}{2d_M}\int_{x=-d_M}^{x=+d_M}n(x)\,\mathrm{d}x=\frac{1}{2d_M}\frac{L^2}{2e\mu\mathscr{V}}\frac{i}{\sinh\dfrac{d_M}{L}}\int_{\frac{x}{L}=-\frac{d_M}{L}}^{\frac{x}{L}=+\frac{d_M}{L}}\cosh\frac{x}{L}\,\mathrm{d}\frac{x}{L}\tag{13.29}$$

Unter Benutzung von (13.20) ergibt sich

$$\bar{n}=\frac{1}{2d_M}\frac{\mu\mathscr{V}\tau}{2e\mu\mathscr{V}}\frac{i}{\sinh\dfrac{d_M}{L}}2\sinh\frac{d_M}{L}\tag{13.30}$$

$$=\frac{1}{2d_M}\frac{\tau}{e}i\tag{13.31}$$

oder

$$i=\frac{2d_M\bar{n}e}{\tau}.\tag{13.32}$$

Es zeigt sich also, daß die Stromdichte i dadurch bestimmt ist, daß die in der Mittelgebietsbreite $2d_M$ gespeicherte Ladung $\bar{n}e$ während einer Lebensdauer τ einmal durch Rekombination vernichtet wird und im stationären Zustand durch den Zustrom i ersetzt werden muß.

In der Konzentrationsverteilung (13.28) ersetzt man häufig zweckmäßigerweise die Stromdichte i nach (13.32) und erhält dann

$$n(x)=p(x)=\frac{L}{2e\mu\mathscr{V}}\frac{2d_M e}{\tau}\,\bar{n}\,\frac{\cosh\dfrac{x}{L}}{\sinh\dfrac{d_M}{L}}=\frac{L^2}{\mu\mathscr{V}\tau}\frac{d_M}{L}\,\bar{n}\,\frac{\cosh\dfrac{x}{L}}{\sinh\dfrac{d_M}{L}} \qquad (13.33)$$

und unter Benutzung von (13.20)

$$n(x)=p(x)=\bar{n}\,\frac{\dfrac{d_M}{L}}{\sinh\dfrac{d_M}{L}}\,\cosh\frac{x}{L}\,. \qquad (13.34)$$

Zur Kennlinienberechnung, die natürlich wieder ein wesentliches Ziel unserer Betrachtungen ist, brauchen wir die Feldstärke $\vec{E}(x)$. Wegen $\mu_n=\mu_p=\mu$ (13.23) und $p(x)=n(x)$ (13.6) heben sich die Diffusionsströme der Elektronen und Löcher gegenseitig auf; der Strom muß allein vom Feld $\vec{E}(x)$ aufgebracht werden. Mit (13.28) ergibt sich

$$i=e\mu\,[p(x)+n(x)]\,\vec{E}(x)=2e\mu\,\frac{1}{2e\mu\dfrac{\mathscr{V}}{L}}\,i\,\frac{\cosh\dfrac{x}{L}}{\sinh\dfrac{d_M}{L}}\,\vec{E}(x) \qquad (13.35)$$

$$\vec{E}(x)=\frac{\mathscr{V}}{L}\,\sinh\frac{d_M}{L}\,\frac{1}{\cosh\dfrac{x}{L}}\,. \qquad (13.36)$$

Die Integration über x von $-d_M$ bis $+d_M$ liefert die Bahnspannung U_M über dem Mittelgebiet

$$U_M=\int_{-d_M}^{+d_M}\vec{E}(x)\,\mathrm{d}x=\mathscr{V}\cdot\sinh\frac{d_M}{L}\int_{x=-d_M}^{x=+d_M}\frac{\mathrm{d}\dfrac{x}{L}}{\cosh\dfrac{x}{L}} \qquad (13.37)$$

bzw.

$$\frac{U_M}{\mathscr{V}}=\mathrm{U}_M=\sinh\frac{d_M}{L}\left[\mathrm{arctang}\left(\sinh\frac{x}{L}\right)\right]_{x=-d_M}^{x=+d_M}, \qquad (13.38)$$

$$\mathrm{U}_M=2\sinh\frac{d_M}{L}\cdot\mathrm{arctang}\left(\sinh\frac{d_M}{L}\right)=\mathrm{V}\left(\frac{d_M}{L}\right). \qquad (13.39)$$

Die Funktion

$$\mathrm{V}\left(\frac{d_M}{L}\right)=2\sinh\frac{d_M}{L}\cdot\mathrm{arctang}\left(\sinh\frac{d_M}{L}\right) \qquad (13.40)$$

wird uns noch öfter begegnen. Wir zeigen in Abb. 13.3, daß mit sehr großer Genauigkeit im wichtigsten Intervall

$$\mathrm{V}\left(\frac{d_M}{L}\right)\approx 2\left(\frac{d_M}{L}\right)^2 \quad \text{für} \quad 0<\frac{d_M}{L}<2 \qquad (13.41)$$

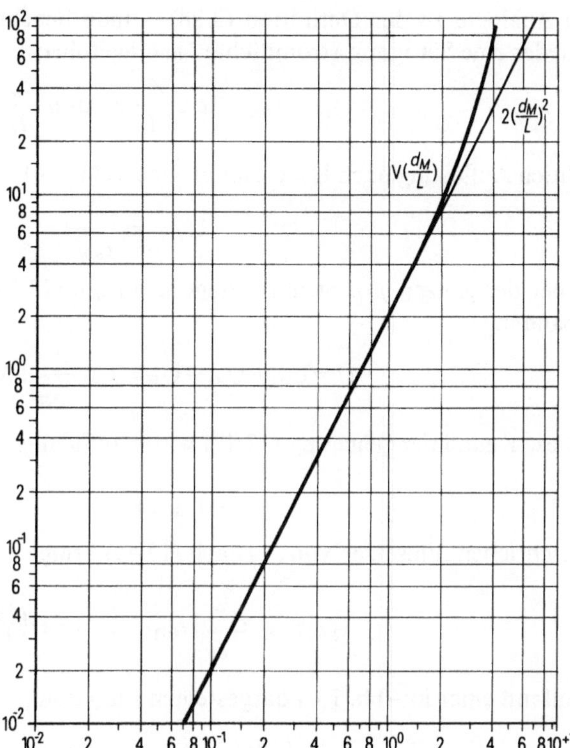

Abb. 13.3. Die Funktion $V\,(d_M/L)$

gilt. Vor allem muß aber darauf aufmerksam gemacht werden, daß nach (13.28) die Konzentrationen im Mittelgebiet mit i^1 steigen und daß deshalb die Stromdichte i in (13.36) für das Feld nicht mehr erscheint. Der Anstieg der Konzentrationen $n=p$ durch Injektion aus den hochdotierten Randgebieten sorgt bei dem hier behandelten Modell gerade für eine mit i^1 steigende Leitfähigkeit, die das Ansteigen der zu transportierenden Strommenge i spannungsmäßig gerade wieder kompensiert.

Außer der Bahnspannung U_M über dem Mittelgebiet sind noch die Junction-Spannungen $U_{Jl}=U_{Jl}/\mathcal{V}$ und $U_{Jr}=U_{Jr}/\mathcal{V}$ zu berücksichtigen, die an den pi- und in-Übergängen anfallen. Nach Abb. 13.2 gilt wie in Abb. 11.1

$$n\,(+d_M)=n_i\,e^{U_{Jr}}. \tag{13.42}$$

Mit (13.28) wird hieraus

$$\frac{1}{2\,e\mu\,\dfrac{\mathcal{V}}{L}}\,i\,\frac{\cosh\dfrac{d_M}{L}}{\sinh\dfrac{d_M}{L}}=n_i\,e^{U_{Jr}} \tag{13.43}$$

und

$$i=i_{SM}\,e^{U_{Jr}}. \tag{13.44}$$

97

In Analogie zu der Definition (3.28) – man beachte (1.13) – haben wir dabei wieder eine Sättigungsstromdichte i_{SM} eingeführt:

$$i_{SM} = 2e\mu \frac{\mathscr{V}}{L} n_i \tanh \frac{d_M}{L}.$$ (13.45)

Durch Auflösung nach U_{Jr} erhalten wir aus (13.44)

$$U_{Jr} = \ln \frac{i}{i_{SM}}.$$ (13.46)

Über der ganzen *pin*-Struktur liegt also nach (13.39) und (13.46) eine Gesamtspannung

$$U = U_{Jl} + U_{Jr} + U_M = 2 \ln \frac{i}{i_{SM}} + V\left(\frac{d_M}{L}\right).$$ (13.47)

Diese Kennliniengleichung (13.47) wird häufig auch

$$i = i_{SM}\, e^{\frac{1}{2}\left(U - V\left(\frac{d_M}{L}\right)\right)}$$ (13.48)

geschrieben. Einsetzen von i_{SM} nach (13.45) bringt

$$i = 2en_i \frac{\mu\mathscr{V}}{L} \tanh \frac{d_M}{L}\, e^{-\frac{1}{2}V\left(\frac{d_M}{L}\right)} e^{\frac{1}{2}U}$$ (13.49)

und mit einer in Abb. 13.4 dargestellten Funktion

$$F\left(\frac{d_M}{L}\right) = \frac{d_M}{L} \tanh \frac{d_M}{L}\, e^{-\frac{1}{2}V\left(\frac{d_M}{L}\right)}$$ (13.50)

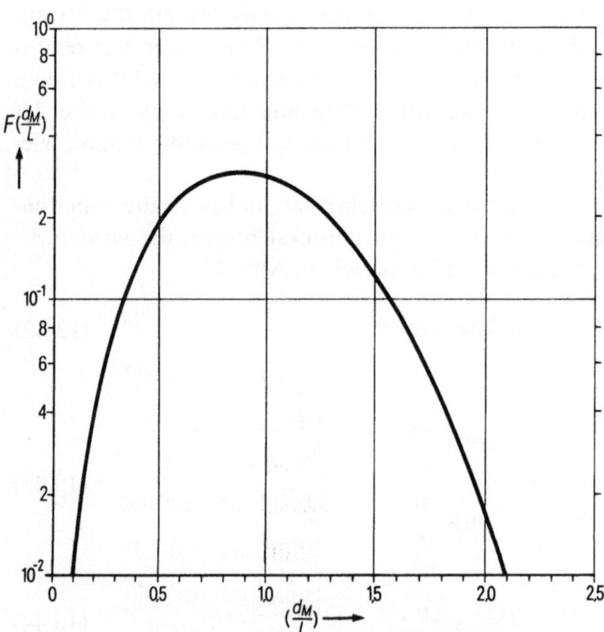

Abb. 13.4. Die Funktion $F(d_M/L)$

ergibt sich schließlich

$$i = 2 e n_i \frac{\mu \mathscr{V}}{d_M} F\!\left(\frac{d_M}{L}\right) e^{\frac{1}{2} U}. \tag{13.51}$$

Die Funktion $F(d_M/L)$ hat für $L \approx d_M$ ein Maximum. Will man eine *pin*-Struktur mit möglichst großer Stromtragfähigkeit haben, soll also die Stromdichte i bei gegebener Spannung U möglichst groß sein, so ist demnach eine Dimensionierung „Diffusionslänge $L \approx$ halbe Mittelgebietsbreite d_M" zu empfehlen. Tatsächlich befolgen auch die Gleichrichter- und Thyristorstrukturen der Praxis diese Regel mit mehr oder weniger großer Annäherung. Angesichts dessen ist vielleicht noch ein Wort zum physikalischen Verständnis dieses Maximums von $F(d_M/L)$ willkommen. Es wirken drei Effekte teils mit-, teils gegeneinander:

a) Kleine Lebensdauern τ bzw. kleine Werte der Diffusionslänge L lassen die Konzentrationskurve (13.19) stark durchhängen (siehe Abb. 13.2). Das führt im Mittelgebiet M zu großen Spannungsverlusten U_M und ist also für große Stromtragfähigkeiten ungünstig.

b) Kleine Lebensdauerwerte τ bedeuten starke Rekombinationsfähigkeit des Materials. Zur Aufnahme einer von beiden Seiten in die Struktur hineinströmenden Elektronen- und Defektelektronenmenge braucht vom thermischen Gleichgewicht nur wenig abgewichen zu werden. Die Mittelgebiets-Konzentrationen $p(x) = n(x)$ werden nur wenig angehoben. Auch das ist für große Stromtragfähigkeiten ungünstig.

c) Starke Anhebung der Konzentrationen $p(x) = n(x)$ an den Mittelgebietsrändern ist mit großen Junction-Spannungen U_{Jr} und U_{Jl} verbunden. Dieser erhöhte Spannungsbedarf ist für große Stromtragfähigkeit ungünstig.

Bei großen L-Werten müssen die Konzentrationen stark angehoben werden. Dann überwiegt der Effekt c und drückt die $F(d_M/L)$-Kurve links herunter. Für kleine L-Werte überwiegen die Effekte a und b und drücken die $F(d_M/L)$-Kurve rechts herunter[8].

Das Gegeneinander von Verringerung der Mittelgebietsspannung U_M und Steigerung der Junction-Spannungen U_{Jr} bzw. U_{Jl} (bei geringer Rekombinationsfähigkeit des Materials bzw. großen τ-Werten) ist übrigens ein charakteristischer Zug der dreischichtigen Struktur und nicht an das Hall-Modell gebunden[9].

Das Gegenteil gilt für den Gang mit exp (U/2) in (13.51), der gegenüber den Gängen mit exp U in (3.26) und (5.7) auffällt. Bei logarithmischer Auftragung

---

[8] Bei Durchführung dieses Grenzüberganges $L \to 0$ stößt man übrigens auf einige Ungereimtheiten wie „$i \to 0$ trotz $U \neq 0$" und „für $i \to 0$ erhält man $p = n \to 0$ statt $p = n \to n_i$". Das liegt an der Vernachlässigung des Terms n_i in (13.16).

[9] Siehe hierzu z. B. E. Spenke: Z. angew. Phys. 30 (1970) 331 − 334. Im übrigen hat die Diskussion der Abhängigkeit des *einzigen* Merkmals „Stromtragfähigkeit" von dem *einen* Parameter „Lebensdauer" rein akademischen Charakter. Von den realen Strukturen wird in der Praxis neben großer Stromtragfähigkeit eine ganze Reihe von Forderungen verlangt, darunter natürlich große Sperrfähigkeit, aber auch gute dynamische Schalteigenschaften. Diese Forderungen führen häufig zu gegenteiligen Konsequenzen und können nur kompromißweise befriedigt werden.

der Stromdichte i ergibt sich eine „Hallsche Gerade"[10] mit der Steigung $U/2$. Entscheidend für den Unterschied gegenüber den Shockleyschen Fällen der Abschn. 3, 5 und 11 ist der Umstand, daß in dem Mittelgebiet M, in dem jetzt die Rekombination stattfindet, die Konzentrationen nur um einen Faktor $\exp U_{J_r} \approx \exp\left(\frac{1}{2} \cdot U\right)$ angehoben werden. In den genannten früheren Shockleyschen Fällen fand die Rekombination in Randgebieten statt, in denen die Konzentrationen um den Faktor $\exp(1 \cdot U)$ angehoben wurden. Daß es auf den Anhebungsfaktor in demjenigen Gebiet ankommt, in dem die Rekombination stattfindet, wird besonders deutlich, wenn wir im Abschn. 14 Rekombination sowohl in den Randgebieten R wie im Mittelgebiet M berücksichtigen. Die Randgebiete mit den Anhebungsfaktoren $\exp 2\,U_{J_r} \approx \exp(1 \cdot U)$ liefern dann Strombeiträge proportional $\exp U$. Das Mittelgebiet mit dem Anhebungsfaktor $\exp(1 \cdot U_{J_r}) \approx \exp(U/2)$ trägt nur Stromanteile proportional $\exp(U/2)$ bei.

14 Rekombination in der Mitte und in den Randgebieten

Um die Rekombination auch in den Randgebieten zu berücksichtigen, müssen die Randbedingungen (13.24) und (13.25) abgeändert werden. Abb. 14.1 zeigt, daß bei $x = +d_M$ der Strom der von links kommenden Defektelektronen noch nicht auf Null abgeklungen ist und daß auf die von rechts kommenden Elektronen bereits nicht mehr der volle Strom i, sondern nur $i - i_p(+d_M)$ entfällt:

$$-e\mu\,\mathscr{V}\,n'(+d_M) + e\mu\,n(+d_M)\,\vec{E}(+d_M) = \;+i_p(+d_M) \neq 0, \tag{14.1}$$

$$+e\mu\,\mathscr{V}\,n'(+d_M) + e\mu\,n(+d_M)\,\vec{E}(+d_M) = i - i_p(+d_M) \neq i. \tag{14.2}$$

Differenzbildung liefert

$$+2e\mu\,\mathscr{V}\,n'(+d_M) = i - 2\,i_p(+d_M) = i_M. \tag{14.3}$$

Abb. 14.1 zeigt, daß i_M derjenige Teil des Gesamtstromes i ist, der beim Durchlaufen des Mittelgebiets von $x = +d_M$ bis $x = -d_M$ von den Elektronen auf die Defektelektronen verlagert wird, der also im Mittelgebiet rekombiniert. Der Vergleich von (14.3) mit (13.26) zeigt, daß in (13.27) und damit auch in den Resultaten (13.28) und (13.32) die volle Stromdichte i durch den Mittelgebietsanteil i_M zu ersetzen ist:

$$n(x) = p(x) = \frac{1}{2e\mu\,\dfrac{\mathscr{V}}{L}}\,i_M\,\frac{\cosh\dfrac{x}{L}}{\sinh\dfrac{d_M}{L}}, \tag{14.4}$$

$$i_M = \frac{2\,d_M\,\bar{n}\,e}{\tau}. \tag{14.5}$$

Nach wie vor gilt aber $\mu_n = \mu_p$ (13.23) und $p(x) = n(x)$ (13.6). Nach wie vor heben sich also die Diffusionsströme auf. Nach wie vor muß der ganze Strom i und

---

[10] Definition siehe S. 78 und Abb. 14.3.1.

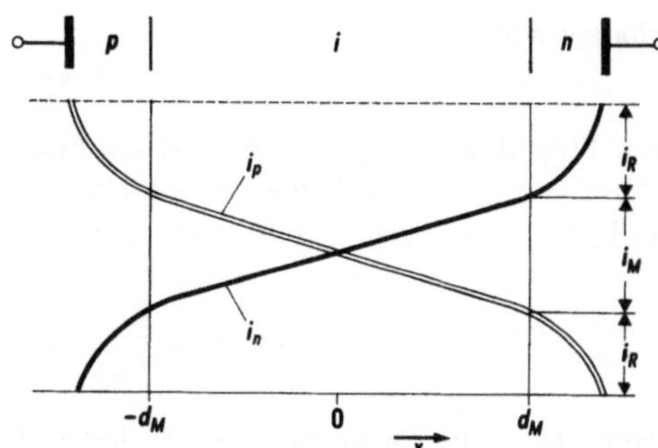

Abb. 14.1. Aufteilung der Stromdichte auf Elektronen (i_n) und Löcher (i_p). Rekombination in der Mitte *und* in den Rändern

nicht bloß der Mittelgebietsanteil i_M als Feldstrom geführt werden:

$$e\,\mu\,[p\,(x) + n\,(x)]\;\vec{E}\,(x) = i \mp i_M.\qquad(14.6)$$

Das ergibt gegenüber (13.36) eine um den Faktor i/i_M erhöhte Feldstärke und eine um den gleichen Faktor gegenüber (13.39) erhöhte Bahnspannung U_M über dem Mittelgebiet:

$$\vec{E}\,(x) = \frac{\mathscr{V}}{L}\sinh\frac{d_M}{L}\;\frac{1}{\cosh\dfrac{x}{L}}\;\frac{i}{i_M}\qquad(14.7)$$

$$U_M = \frac{i}{i_M}\,\mathrm{V}\!\left(\frac{d_M}{L}\right).\qquad(14.8)$$

Zwischen der Randkonzentration $n\,(+d_M) = p\,(+d_M)$ und der rechten Junction-Spannung U_{Jr} besteht wie in (13.42) eine Boltzmann-Beziehung (vgl. Abb. 14.2 mit Abb. 13.2 und 11.1):

$$n\,(+d_M) = n_i\,\mathrm{e}^{\,U_{Jr}}.\qquad(13.42)$$

Links benutzen wir (14.4), in der wir $x = x_r = +d_M$ setzen:

$$n\,(+d_M) = \frac{1}{2\,e\mu\,\dfrac{\mathscr{V}}{L}}\;i_M\,\frac{1}{\tanh\dfrac{d_M}{L}}.\qquad(14.9)$$

Hiermit und mit der Sättigungsstromdichte (13.45)

$$i_{SM} = 2\,e\mu\,\frac{\mathscr{V}}{L}\,n_i\tanh\frac{d_M}{L}$$

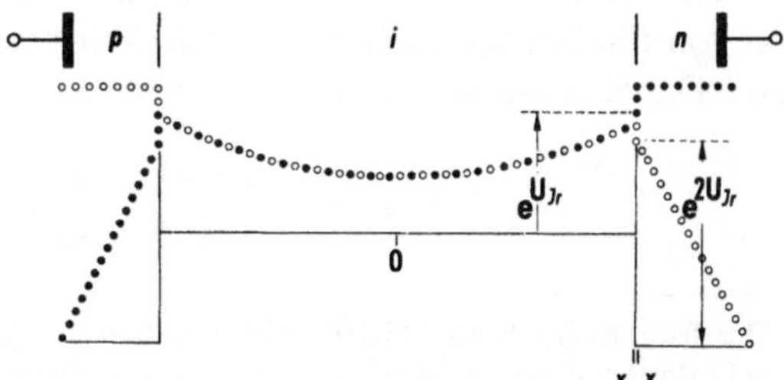

Abb. 14.2. Konzentrationsverteilungen der Elektronen und der Löcher. Rekombination in der Mitte *und* in den Rändern

erhalten wir

$$i_M = i_{SM}\, e^{U_{Jr}}.\tag{14.10}$$

Den Strombeitrag $i_p(x_n)$ des Defektelektronenschwanzes im hochdotierten n-Gebiet ermitteln wir durch Analogie zu (5.6); der dortige Anhebungsfaktor $e^{U/V}$ muß aber jetzt nach Abb. 14.2 durch $e^{2U_{Jr}/V} = e^{2U_{Jr}}$ ersetzt werden:

$$i_p(x_n) = e\,\mu_p\,\frac{V}{L_p}\,p_n\,\coth\frac{d_R}{L_p}\,e^{2U_{Jr}} = i_R.\tag{14.11}$$

Dabei ist d_R die Dicke des hochdotierten Randgebiets und L_p die dortige Diffusionslänge der Defektelektronen. Mit einer Sättigungsstromdichte[11]

$$i_{SR} = e\,\mu\,\frac{V}{L_p}\,p_n\,\coth\frac{d_R}{L_p}\tag{14.12}$$

erhalten wir

$$i_p(x_n) = i_{SR}\,e^{2U_{Jr}} = i_R.\tag{14.13}$$

Damit und mit (14.10) können wir (10.12) auswerten und erhalten unter Berücksichtigung der Symmetrie

$$i = 2\,i_p(x_n) + i_M = 2\,i_{SR}\,(e^{U_{Jr}})^2 + i_{SM}\,e^{U_{Jr}}.\tag{14.14}$$

Aus dieser quadratischen Gleichung für $e^{U_{Jr}}$ ergibt sich

$$e^{U_{Jr}} = -\frac{1}{4}\frac{i_{SM}}{i_{SR}} + \sqrt{\frac{1}{16}\left(\frac{i_{SM}}{i_{SR}}\right)^2 + \frac{i}{2\,i_{SR}}}\tag{14.15}$$

$$= \frac{1}{4}\frac{i_{SM}}{i_{SR}}\left[+\sqrt{1 + 8\,\frac{i_{SR}}{i_{SM}}\cdot\frac{i}{i_{SM}}} - 1\right],\tag{14.16}$$

$$U_{Jr} = -\ln\frac{i_{SR}}{i_{SM}} + \ln\frac{1}{4}\left[+\sqrt{1 + 8\,\frac{i_{SR}}{i_{SM}}\cdot\frac{i}{i_{SM}}} - 1\right].\tag{14.17}$$

Die Kennliniengleichung soll nun die Gesamtspannung

$$U = 2\,U_{Jr} + U_M\tag{14.18}$$

als Funktion der Stromdichte i darstellen. Die Junction-Spannung U_{Jr} als Funktion von i haben wir soeben ermittelt. Wir brauchen jetzt noch U_M als Funktion von i. Dabei gehen wir aus von (14.8), wo wir i_M nach (14.10) einsetzen

$$U_M = \frac{i}{i_M}\,V\left(\frac{d_M}{L}\right) = \frac{i}{i_{SM}}\,e^{-U_{Jr}}\cdot V\left(\frac{d_M}{L}\right).\tag{14.19}$$

---

[11] Der frühere i_{SR}-Wert (11.10) geht aus dem jetzigen Wert durch $d_R \to 0$ hervor. Das ist in Ordnung, denn im Abschn. 11 wurden die Randgebiete als „kurz" vorausgesetzt.

Unter Verwendung von (14.16) kommt weiter

$$U_M = \frac{i}{i_{SM}}\, 4\, \frac{i_{SR}}{i_{SM}} \; \frac{1}{\sqrt{1+8\,\dfrac{i_{SR}}{i_{SM}}\cdot\dfrac{i}{i_{SM}}}\; -1}\; V\left(\frac{d_M}{L}\right)$$

$$\tag{14.20}$$

$$= 4\,\frac{i}{i_{SM}}\cdot\frac{i_{SR}}{i_{SM}}\; \frac{\sqrt{1+8\,\dfrac{i_{SR}}{i_{SM}}\cdot\dfrac{i}{i_{SM}}}\; +1}{1+8\,\dfrac{i_{SR}}{i_{SM}}\cdot\dfrac{i}{i_{SM}}\; -1}\; V\left(\frac{d_M}{L}\right)$$

$$= \frac{1}{2}\left[\sqrt{1+8\,\frac{i_{SR}}{i_{SM}}\cdot\frac{i}{i_{SM}}}\; +1\right] V\left(\frac{d_M}{L}\right). \tag{14.21}$$

Als Kennliniengleichung erhalten wir schließlich mit (14.17) und (14.21)

$$U = 2\left\{-\ln\frac{i_{SR}}{i_{SM}} + \ln\frac{1}{4}\left[\sqrt{1+8\,\frac{i_{SR}}{i_{SM}}\,\frac{i}{i_{SM}}}\; -1\right]\right\}$$

$$+\frac{1}{2}\left[\sqrt{1+8\,\frac{i_{SR}}{i_{SM}}\,\frac{i}{i_{SM}}}\; +1\right] V\left(\frac{d_M}{L}\right), \tag{14.22}$$

$$U + 2\ln\frac{i_{SR}}{i_{SM}} = 2\cdot\ln\frac{1}{4}\left[\sqrt{1+8\,\frac{i_{SR}}{i_{SM}}\,\frac{i}{i_{SM}}}\; -1\right]$$

$$+\frac{1}{2}\left[\sqrt{1+8\,\frac{i_{SR}}{i_{SM}}\,\frac{i}{i_{SM}}}\; +1\right] V\left(\frac{d_M}{L}\right). \tag{14.23}$$

Wenn wir

$$U^* = U + 2\ln\frac{i_{SR}}{i_{SM}} \tag{14.24}$$

und

$$i^* = \frac{i_{SR}}{i_{SM}}\cdot\frac{i}{i_{SM}} \tag{14.25}$$

einführen, bekommen wir eine Darstellung, in der nur noch d_M/L als Parameter vorkommt:

$$U^* = 2\; \ln\frac{1}{4}\left[\sqrt{1+8\,i^*}\; -1\right] + \frac{1}{2}\left[\sqrt{1+8\,i^*}\; +1\right] V\left(\frac{d_M}{L}\right). \tag{14.26}$$

Diese Kennliniengleichung hat zwar mathematisch gesehen keine allzu komplizierte Form. Die physikalischen Zusammenhänge werden aber vielleicht deutlicher, wenn wir an (14.10), (14.13), (14.14) und (14.18) anknüpfen und eine graphische Konstruktion angeben. Wir entnehmen (14.18) die Junction-Spannung

$$U_{Jr} = \frac{1}{2}\,(U - U_M) \tag{14.27}$$

und gehen damit in (14.10) und (14.13) ein:

$$i_M = i_{SM}\, e^{\frac{1}{2}(U - U_M)},\qquad (14.28)$$

$$i_R = i_{SR}\, e^{(U - U_M)}.\qquad (14.29)$$

Wir führen anstelle von U die Spannung U* nach (14.24) ein:

$$i_M = i_{SM}\, e^{\frac{1}{2}(U^* - U_M)}\, e^{-\frac{1}{2}\cdot 2\ln\frac{i_{SR}}{i_{SM}}} = \frac{i_{SM}^2}{i_{SR}}\, e^{\frac{1}{2}(U^* - U_M)},\qquad (14.30)$$

$$i_R = i_{SR}\, e^{(U^* - U_M)}\, e^{-2\ln\frac{i_{SR}}{i_{SM}}} = \frac{i_{SM}^2}{i_{SR}}\, e^{(U^* - U_M)}.\qquad (14.31)$$

Wenn wir wie in (14.25) analog zu der reduzierten Stromdichte i* die reduzierten Stromdichten i_M^* und i_R^* einführen, erhalten wir

$$\frac{i_{SR}}{i_{SM}}\, \frac{i_M}{i_{SM}} = i_M^* = e^{\frac{1}{2}(U^* - U_M)}\qquad (14.32)$$

$$\frac{i_{SR}}{i_{SM}}\, \frac{i_R}{i_{SM}} = i_R^* = e^{(U^* - U_M)}.\qquad (14.33)$$

Hiermit bekommt (14.14) die Gestalt

$$i^* = i_M^* + 2\, i_R^* = e^{\frac{1}{2}(U^* - U_M)} + 2\, e^{(U^* - U_M)}\qquad (14.34)$$

In Abb. 14.3.1 ist der erste Summand i_M^* auf einer logarithmischen Skala gegen $U^* - U_M$ aufgetragen. Das gibt eine Hall-Gerade, wie wir sie am Schluß von

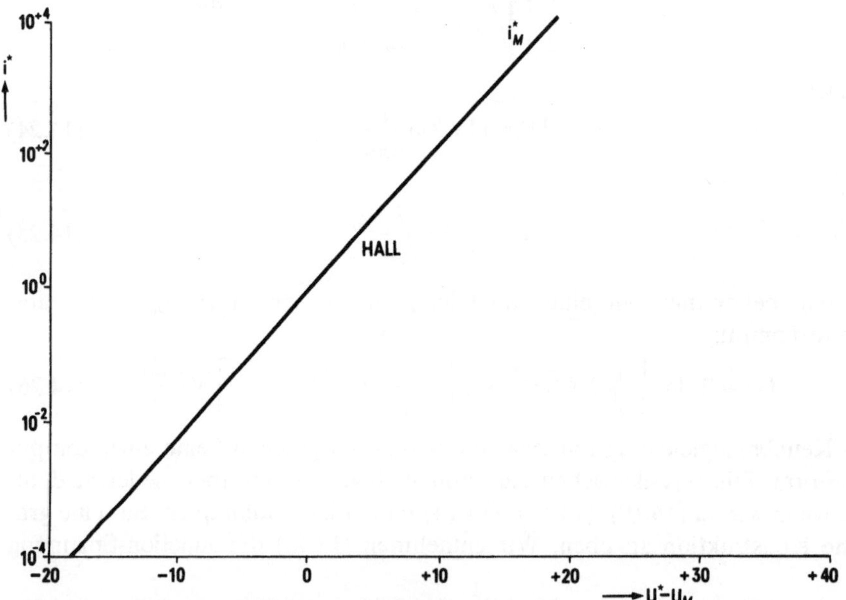

Abb. 14.3.1. Der Strombeitrag i_M^* des Mittelgebiets M

Abschn. 11 auf S. 78 definiert haben. In Abb. 14.3.2 tragen wir wieder auf einer logarithmischen Skala den zweiten Summanden $2\,i_R^* = 2\exp\,(U^* - U_M)$ auf. Das gibt eine Shockley-Gerade, wie wir sie ebenfalls am Schluß von Abschn. 11 definiert haben. (14.34) zeigt dann, daß wir in Abb. 14.3.3 die Summenkurve $i_M^* + 2\,i_R^*$ zu bilden haben, um i* als Funktion von $U^* - U_M$ zu erhalten. Um eine Kennlinie zwischen dem reduzierten Strom i* und der reduzierten Gesamtspannung U* zu erhalten, müssen wir eine Horizontalverschiebung (Abb. 14.3.4) der Summenkurve um die Mittelgebiets-Bahnspannung (14.8)

$$U_M = \frac{i}{i_M}\,V\left(\frac{d_M}{L}\right) = \frac{i^*}{i_M^*}\,V\left(\frac{d_M}{L}\right) \tag{14.35}$$

vornehmen. Das wird dadurch erleichtert, daß der Quotient (i^*/i_M^*) wegen der logarithmischen Auftragung der Stromdichten i* und i_M^* gleich dem Abstand der Summenkurve i* von der Hall-Geraden i_M^* ist (Abb. 14.3.4). Die Abb. 14.3.5 zeigt die Kennlinien $i^* = f\,(U^*)$ für eine Reihe von (d_M/L)-Werten.

Für $i^* \ll 1$ fällt die Summenkurve mit der Hall-Geraden zusammen:

$$i^* \approx i_M^* \quad \text{für} \quad i^* \ll 1.$$

Die Horizontalverschiebung (14.35) wird dann wegen $i^*/i_M^* \approx 1$ zu einer Parallelverschiebung der Hall-Geraden. Der Strombeitrag $2\,i_p^*\,(x_n) = 2\,i_R^*$ der hochdotierten Ränder verschwindet gegenüber dem Beitrag i_M^* des Mittelgebiets: Die Struktur benimmt sich wie ein Hall-Gleichrichter. Für große Belastungen $i^* \gg 1$ fällt die Summenkurve mit der Shockley-Geraden zusammen. Die Struktur benimmt sich dann aber trotzdem nicht wie ein Shockley-Gleichrichter. Es wird

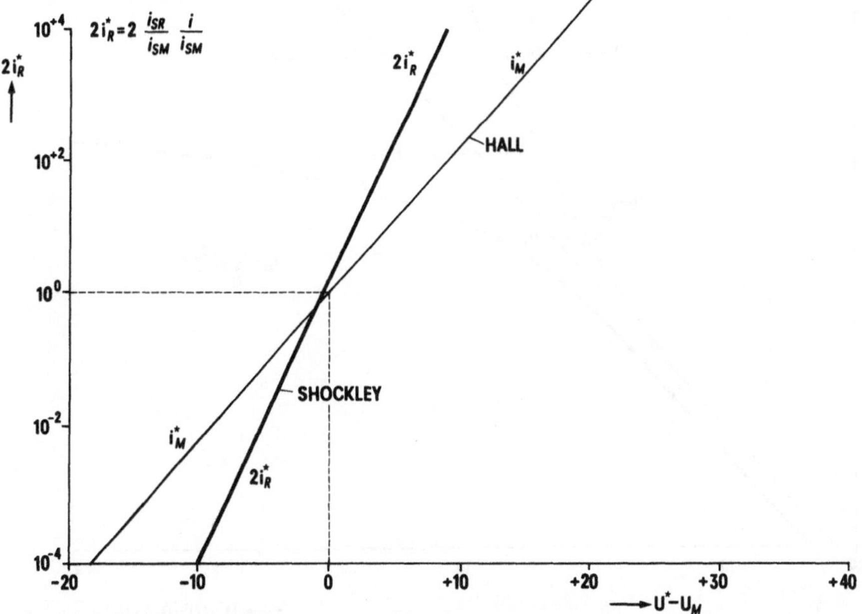

Abb. 14.3.2. Der Strombeitrag $2\,i_R^*$ der beiden Randgebiete R

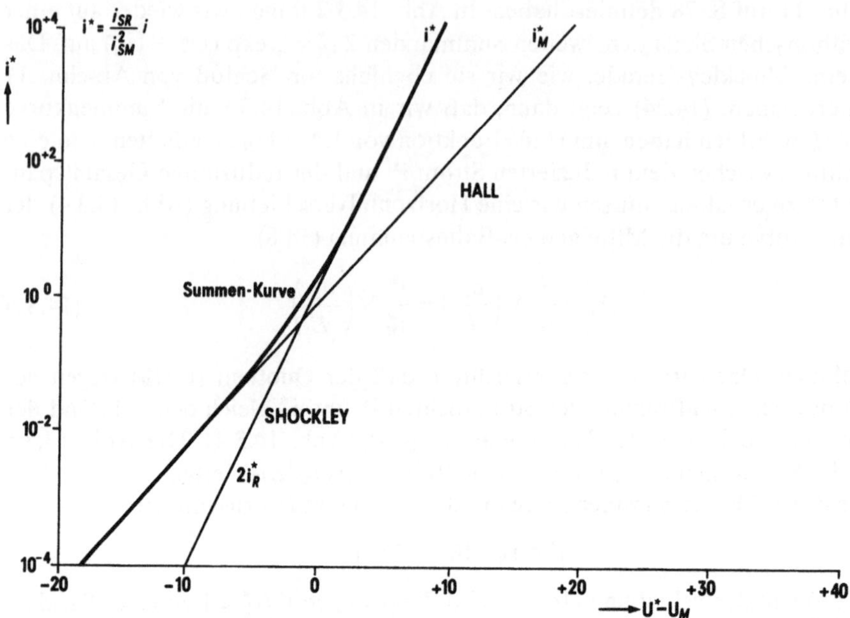

Abb. 14.3.3. Die Gesamtstromdichte $i^* = 2\, i_R^* + i_M^*$ in Abhängigkeit vom Spannungsabfall $U^* - U_M$ über beiden Junctions J_{rechts} und J_{links}

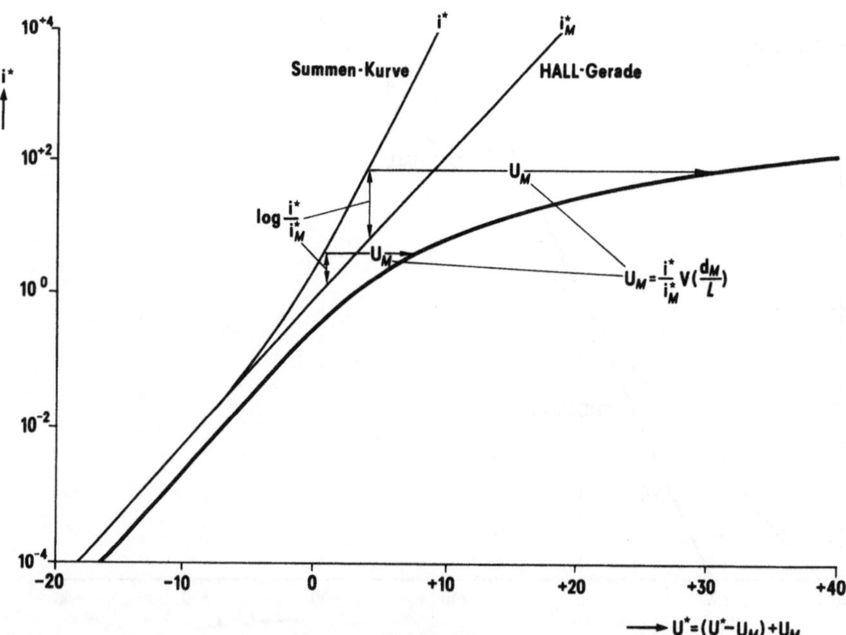

Abb. 14.3.4. Die Wirkung des Spannungsabfalls U_M über dem Mittelgebiet M

106

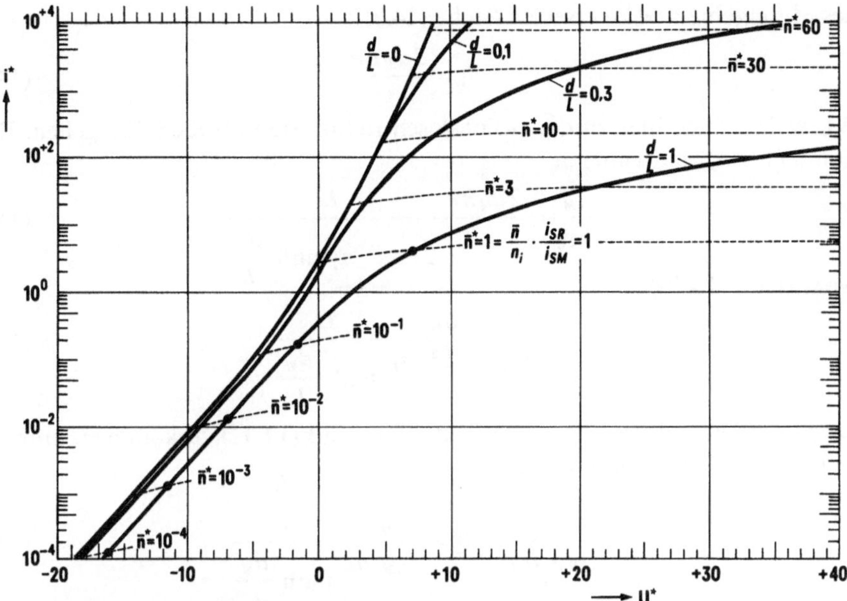

Abb. 14.3.5. Reduzierte Gleichrichterkennlinien. Völlig symmetrischer Fall

nämlich $(i^*/i_M^*) \gg 1$ und deshalb nimmt die Horizontalverschiebung $(i^*/i_M^*) \cdot V(d_M/L)$ sehr schnell mit der Belastung zu.

Der physikalische Grund ist die Tatsache, daß die in den Randgebieten rekombinierenden Stromanteile $i_n(x_p)$ und $i_p(x_n)$ das Mittelgebiet M ungeschwächt durchfließen. Sie extrahieren beim Verlassen des Mittelgebiets ebensoviele Träger, wie sie beim Betreten des Mittelgebiets injiziert haben. Per Saldo erhöhen diese Stromanteile die Trägerdichte im Mittelgebiet M also nicht. Sie verbrauchen aber Spannung, während der im Mittelgebiet M rekombinierende Stromanteil i_M Träger nur einbringt, aber keine Träger abzieht. Stationär wird der Zustand dadurch, daß die Trägerkonzentrationen so lange steigen, bis eine erhöhte Rekombination den zufließenden, aber nicht wieder abfließenden Strom i_M gerade aufzehrt. Der Stromanteil i_M „füttert" also quasi das Mittelgebiet und verbraucht deshalb keine zusätzliche Spannung. Die „Parasiten" $i_p(x_n)$ und $i_n(x_p)$ verbrauchen aber nur Spannung, ohne für eine erhöhte Leitfähigkeit zu sorgen. Im Hallschen Fall (Abschn. 13) gibt es keine „Parasiten" $i_p(x_n)$ und $i_n(x_p)$, und die Mittelgebietsspannung U_M behält auch bei erhöhter Belastung den belastungsunabhängigen Wert $V(d_M/L)$.

In Abb. 14.3.5 sind außer den Kennlinien noch Kurven konstanter „Injektion" $\bar{n}^*$ eingetragen. Für die Beurteilung der physikalischen Situation in einer durchlaßbelasteten Gleichrichterstruktur ist es nämlich wichtig, die Größe der mittleren Konzentration $\bar{n}$ im Mittelgebiet — die Stärke der dortigen „Injektion" also — zu kennen. Sie war im Abschn. 13 nach (13.32) mit der Stromdichte i verknüpft. Dabei ist aber zu bedenken, daß in Abschn. 13 ein Modell ohne Rekombination in den Randgebieten behandelt wurde — im Gegensatz zu dem vorliegenden Abschn. 14! In (13.32) ist jetzt also die Gesamtstromdichte i durch den Anteil i_M

des Mittelgebiets M zu ersetzen (siehe (14.5)):

$$i_M = \frac{2 d_M \bar{n} e}{\tau}.$$ (14.36)

Wir wollen auch hier zu dimensionslosen reduzierten Größen übergehen. Dazu ist mit (13.45) zu dividieren

$$\frac{i_M}{i_{SM}} = \frac{2 d_M \bar{n} e}{\tau} \frac{L}{2 e \mu \mathscr{V} n_i \tanh \dfrac{d_M}{L}},$$ (14.37)

woraus mit (13.20)

$$\frac{i_M}{i_{SM}} = \frac{d_M}{L^2} \frac{\bar{n}}{n_i} \frac{L}{\tanh \dfrac{d_M}{L}}$$ (14.38)

wird. Um zur reduzierten Stromdichte i_M^* gemäß (14.32) zu kommen, muß noch mit i_{SR}/i_{SM} multipliziert werden:

$$\frac{i_{SR}}{i_{SM}} \frac{i_M}{i_{SM}} = i_M^* = \frac{i_{SR}}{i_{SM}} \frac{\bar{n}}{n_i} \frac{\dfrac{d_M}{L}}{\tanh \dfrac{d_M}{L}}.$$ (14.39)

Schließlich führen wir eine reduzierte „Injektion" ein:

$$\bar{n}^* = \frac{1}{\dfrac{i_{SM}}{i_{SR}} n_i} \, \bar{n}.$$ (14.40)

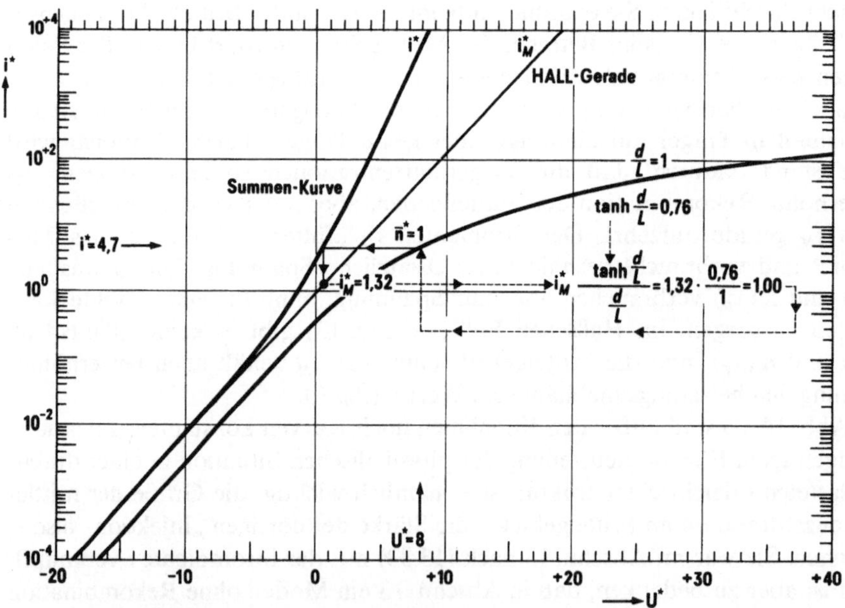

Abb. 14.3.6. Ermittlung eines $\bar{n}^*$-Wertes. Beispiel: Welcher $\bar{n}^*$-Wert gehört zum Punkt $U^* = 8$, $i^* = 4{,}7$ der Kennlinie $(d/L) = 1$?

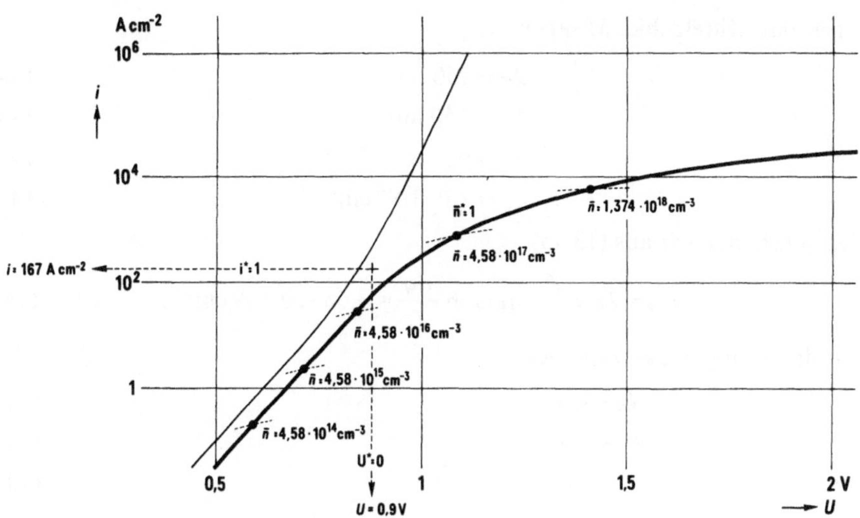

Abb. 14.3.7. Gleichrichterkennlinie. Beispiel der Rückkehr von der reduzierten zur unreduzierten Kennlinie

Hiermit folgt aus (14.39)

$$\bar{n}^* = \frac{\tanh \dfrac{d_M}{L}}{\dfrac{d_M}{L}} \, i_M^*. \tag{14.41}$$

Mit Hilfe dieser Beziehung kann zu jedem Punkt einer reduzierten Gleichrichterkennlinie die zugehörige reduzierte Injektion $\bar{n}^*$ ermittelt werden (Abb. 14.3.6). Man muß dazu von dem fraglichen Punkt der Gleichrichterkennlinie waagerecht nach links zur „Summenkurve" (Kennlinie für $(d_M/L)=0$) zurückgehen und von diesem Punkt senkrecht herab zur „Hall-Geraden" loten, die den zugehörigen i_M^*-Wert angibt, worauf aus (14.41) der $\bar{n}^*$-Wert folgt. Als Beispiel ist diese Konstruktion in Abb. 14.3.6 für den Punkt $U^*=8$ und $i^*=4,7$ der Gleichrichterkennlinie $(d_M/L)=1$ durchgeführt worden. Es ergibt sich $i_M^*=1,32$ und mit

$$\frac{\tanh \dfrac{d_M}{L}}{\dfrac{d_M}{L}} \Bigg|_{\frac{d_M}{L}=1} = 0,76$$

erhält man aus (14.41) schließlich $\bar{n}^*=0,76\cdot 1,32=1,00$.

Abbildung 14.3.5 zeigt die n^*-Werte und die Kennlinien $i^*=f(U^*)$ für eine Reihe von (d_M/L)-Werten.

Zum Schluß soll in Abb. 14.3.7 die Rückkehr von den dimensionslosen reduzierten Größen U^*, i^* und $\bar{n}^*$ zu den unreduzierten Spannungen U/V, Stromdichten $i/\mathrm{A\,cm^{-2}}$ und Konzentrationen $\bar{n}/\mathrm{cm^{-3}}$ in einem konkreten Fall durchgeführt werden.

Für das Mittelgebiet M setzen wir

$$d_M = 150\ \mu\mathrm{m}, \qquad (14.42)$$

$$L = 150\ \mu\mathrm{m}, \qquad (14.43)$$

$$\mu = 900\ \mathrm{cm}^2\ (\mathrm{V\,s})^{-1}, \qquad (14.44)$$

$$n_i = 1{,}0 \cdot 10^{10}\ \mathrm{cm}^{-3}. \qquad (14.45)$$

Damit erhalten wir aus (13.45)

$$i_{SM} = 2\,e\,\mu\,\frac{\mathscr{V}}{L}\,n_i\,\tanh\frac{d_M}{L} = 3{,}66 \cdot 10^{-6}\ \mathrm{A\ cm}^{-2}. \qquad (14.46)$$

Für die Randgebiete setzen wir

$$d_R = 1\,\mu\mathrm{m}, \qquad (14.47)$$

$$L_p = 20\ \mu\mathrm{m}, \qquad (14.48)$$

$$\mu = 60\ \mathrm{cm}^2 (\mathrm{V\,s})^{-1}, \qquad (14.49)$$

$$p_n = \frac{n_i^2}{n_{A-}} = \frac{10^{20}\ \mathrm{cm}^{-6}}{3 \cdot 10^{18}\ \mathrm{cm}^{-3}} = \frac{1}{3} \cdot 10^2\ \mathrm{cm}^{-3}. \qquad (14.50)$$

Damit erhalten wir aus

$$i_{SR} = e\,\mu\,\frac{\mathscr{V}}{L_p}\,p_n\,\coth\frac{d_R}{L_p} \qquad (14.12)$$

$$i_{SR} = 8{,}00 \cdot 10^{-14}\ \mathrm{A\ cm}^{-2}. \qquad (14.51)$$

Aus (14.24) folgt

$$U = U^* - 2\ln\frac{i_{SR}}{i_{SM}}. \qquad (14.52)$$

Mit (14.46) und (14.51) erhält man

$$U = U^* - 2\ln 2{,}186 \cdot 10^{-8} = U^* - 2 \cdot (-17{,}64) = U^* + 35{,}28. \qquad (14.53)$$

Man muß also die U*-Skala unter Beibehaltung ihrer Teilung so verschieben, daß auf den Nullpunkt der U*-Skala der Punkt 35,28 der U-Skala fällt. Wegen

$$U = U/\mathscr{V} \qquad (14.54)$$

sind die U-Werte mit $\mathscr{V} = (\tfrac{1}{40})$ V zu multiplizieren, um eine U-Skala in Volt zu erhalten. Der Punkt U = 35,28 z. B. wird dadurch zum Punkt 0,882 V $\approx$ 0,9 V der U-Skala.

Weiter folgt aus (14.25)

$$i = \frac{i_{SM}^2}{i_{SR}}\,i^*. \qquad (14.55)$$

Mit (14.46) und (14.51) erhält man

$$i = 167\,\mathrm{A\,cm}^{-2} \cdot i^*. \qquad (14.56)$$

Neben die logarithmisch geteilte i*-Skala ist also eine mit gleicher Teilung versehene i-Skala zu legen, so daß dem Punkt i* = 1 der Punkt i = 167 A cm^{-2} entspricht.

Schließlich folgt aus (14.40)

$$\bar{n} = \frac{i_{SM}}{i_{SR}}\, n_i\, \bar{n}^* . \qquad (14.57)$$

Mit (14.46) und (14.51) und mit $n_i = 1 \cdot 10^{10}\,\mathrm{cm}^{-3}$ erhält man

$$\bar{n} = 4{,}58 \cdot 10^{17}\,\mathrm{cm}^{-3} \cdot \bar{n}^* . \qquad (14.58)$$

An die Kurven $\bar{n}^* = 1;\ = 10^{+1};\ = 10^{-1}$ usw. sind also die Werte $\bar{n} = 4{,}58 \cdot 10^{17}$ cm^{-3}; $4{,}58 \cdot 10^{18}\,\mathrm{cm}^{-3}$; $4{,}58 \cdot 10^{16}\,\mathrm{cm}^{-3}$ usw. zu schreiben.

15 Die ambipolare Diffusion

Wenn man den Versuch macht, eine reale pin-Struktur nachzurechnen, stößt man sofort auf die Tatsache, daß auch in Abschn. 14 noch vieles vereinfacht worden ist. Ohne den Anspruch auf Vollständigkeit zu erheben, erwähnen wir folgende Komplikationen:

Die beiden hochdotierten Randgebiete der pin-Struktur werden sich durch ihre geometrischen Abmessungen unterscheiden:

$$d_p \neq d_n .$$

Ferner werden sie unterschiedlich dotiert sein:

$$n_{A^-} \neq n_{D^+} .$$

Ihre Rekombinationseigenschaften werden verschieden sein:

$$\tau_p \neq \tau_n .$$

Die Beweglichkeiten μ_n und μ_p der jeweiligen Minoritätsträger werden nicht gleich sein:

$$\mu_n \neq \mu_p .$$

Aber auch im Mittelgebiet M haben die Beweglichkeiten μ_n und μ_p der Elektronen und der Löcher verschiedene Werte:

$$\mu_n = 1350\ \mathrm{cm}^2\,(\mathrm{V\,s})^{-1}, \qquad (15.1)$$

$$\mu_p = \ \ 450\ \mathrm{cm}^2\,(\mathrm{V\,s})^{-1}. \qquad (15.2)$$

Diese Werte gelten auch nur für geringe Trägerkonzentrationen n und p. Mit steigenden Konzentrationen nehmen μ_n und μ_p ab und nähern sich einander. Damit ist aber die Liste der Komplikationen noch keineswegs vollständig, wie schon erwähnt.

Anstatt uns in dieser Beziehung weiter zu bemühen[12], wollen wir unser Augenmerk auf die Folgen von (15.1) und (15.2) lenken; denn das führt uns auf einen neuen Begriff, auf die „ambipolare Diffusion".

---

[12] Siehe hierzu Herlet, A.: Solid-State Electron. 11 (1968) 717 – 742, und Spenke, E.: Solid-State Electronics 11 (1968) 1119 – 1130. Aber auch dort wird zusätzlich nur der Einfluß von Unsymmetrien der Dotierung und der Geometrie der Struktur diskutiert. Die Folgen einer Abhängigkeit der Lebensdauer τ von der Trägerkonzentration $n(x)$ werden nicht behandelt. Desgleichen wird die Tatsache außer acht gelassen, daß in der Praxis heutzutage die meisten pn-Übergänge wohl diffundiert und nicht abrupt sein dürften.

Die Trägerkonzentrationen $n(x)$ und $p(x)$ genügen den Kontinuitätsgleichungen (13.8) und (13.7), die wir jetzt aber mit unterschiedlichen Beweglichkeiten schreiben:

$$\frac{1}{e}\frac{\mathrm{d}}{\mathrm{d}x}\, i_n(x) = \mu_n \mathscr{V}\frac{\mathrm{d}^2}{\mathrm{d}x^2}\, n(x) + \mu_n \frac{\mathrm{d}}{\mathrm{d}x}\,[n(x)\cdot \vec{E}(x)] = R = \frac{n(x)}{\tau}\,. \qquad (15.3)$$

Bei der Kontinuitätsgleichung (13.7) der Defektelektronen war bereits von der Neutralitätsforderung (10.1)

$$p(x) = n(x)$$

Gebrauch gemacht worden:

$$\frac{1}{e}\frac{\mathrm{d}}{\mathrm{d}x}\, i_p(x) = -\mu_p \mathscr{V}\frac{\mathrm{d}^2}{\mathrm{d}x^2}\, n(x) + \mu_p \frac{\mathrm{d}}{\mathrm{d}x}\,[n(x)\cdot \vec{E}(x)] = -R = -\frac{n(x)}{\tau}\,. \qquad (15.4)$$

In beiden Gleichungen wird mit $\mu_n \mathscr{V}$ bzw. $\mu_p \mathscr{V}$ dividiert:

$$+\frac{\mathrm{d}^2}{\mathrm{d}x^2}\, n(x) + \frac{1}{\mathscr{V}}\frac{\mathrm{d}}{\mathrm{d}x}\,[n(x)\cdot \vec{E}(x)] = \frac{n(x)}{\mathscr{V}\tau}\cdot\frac{1}{\mu_n}\,, \qquad (15.5)$$

$$-\frac{\mathrm{d}^2}{\mathrm{d}x^2}\, n(x) + \frac{1}{\mathscr{V}}\frac{\mathrm{d}}{\mathrm{d}x}\,[n(x)\cdot \vec{E}(x)] = -\frac{n(x)}{\mathscr{V}\tau}\cdot\frac{1}{\mu_p}\,. \qquad (15.6)$$

Gleichung (15.6) wird von (15.5) subtrahiert:

$$+2\frac{\mathrm{d}^2}{\mathrm{d}x^2}\, n(x) = \frac{1}{\mathscr{V}\tau}\left(\frac{1}{\mu_n}+\frac{1}{\mu_p}\right) n(x). \qquad (15.7)$$

Mit einer „ambipolaren Beweglichkeit μ_{amb}"

$$\frac{1}{\mu_{\mathrm{amb}}} = \frac{1}{2}\left(\frac{1}{\mu_n}+\frac{1}{\mu_p}\right) \qquad (15.8)$$

bzw.

$$\mu_{\mathrm{amb}} = 2\,\frac{\mu_n\mu_p}{\mu_n+\mu_p} \qquad (15.9)$$

nimmt (15.7) wieder die Gestalt (13.18) an:

$$\frac{\mathrm{d}^2}{\mathrm{d}x^2}\, n(x) = \frac{1}{\mu_{\mathrm{amb}}\mathscr{V}\tau}\, n(x) = \frac{1}{L_{\mathrm{amb}}^2}\, n(x) \qquad (15.10)$$

mit

$$L_{\mathrm{amb}} = \sqrt{\mu_{\mathrm{amb}}\mathscr{V}\tau}\,. \qquad (15.10.1)$$

Zunächst scheint also die Einführung der ambipolaren Beweglichkeit (15.9) den Rechengang wieder in die alte Bahn zu bringen. Ganz so einfach liegen die Dinge aber doch nicht.

Bei der Aufstellung der Randbedingungen für $x = \pm\, d_M$ kommt analog zu (13.24) und (13.25)

$$i_p(+d_M) = -e\mu_p \mathscr{V} n'(+d_M) + e\mu_p n(+d_M)\cdot \vec{E}(+d_M) = 0, \qquad (15.11)$$

$$i_n(+d_M) = +e\mu_n \mathscr{V} n'(+d_M) + e\mu_n n(+d_M)\cdot \vec{E}(+d_M) = i\,. \qquad (15.12)$$

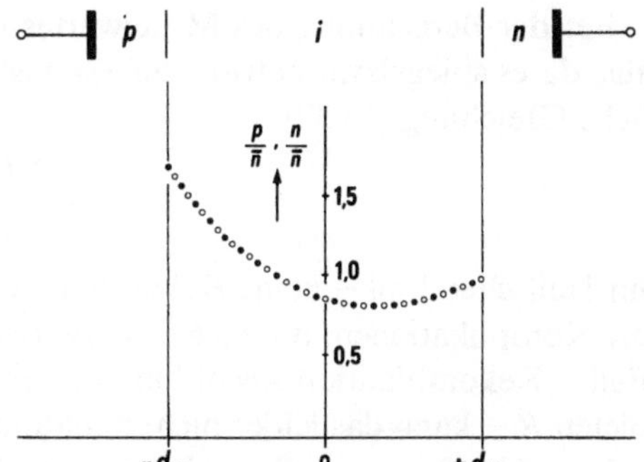

Abb. 15.1. Konzentrationsverteilungen $p\,(x)$ und $n\,(x)$, unsymmetrisch wegen $\mu_n \neq \mu_p$ („Hängekurven")

Gleichung (15.11) wird mit $e\,\mu_p\mathscr{V}$ dividiert, (15.12) mit $e\,\mu_n\mathscr{V}$; dann wird die Differenz gebildet, um wieder die Feldstärke $\vec{E}\,(+\,d_M)$ aus der Rechnung zu eliminieren:

$$2n'\,(+\,d_M) = \frac{1}{e\,\mu_n\mathscr{V}}\,i. \tag{15.13}$$

Die analoge Überlegung bei $x=-\,d_M$ führt auf

$$2n'\,(-\,d_M) = -\frac{1}{e\,\mu_p\mathscr{V}}\,i. \tag{15.14}$$

Um diese unsymmetrischen Randbedingungen bei $x=\pm\,d_M$ zu befriedigen, muß jetzt zu der $\cosh(x/L)$-Lösung (13.28) bzw. (13.34) ein $\sinh(x/L)$-Term hinzugenommen werden:

$$
\begin{aligned}
n\,(x) &= \frac{1}{2e\,\mu_{\mathrm{amb}}\dfrac{\mathscr{V}}{L_{\mathrm{amb}}}}\,i\left[\frac{\cosh\dfrac{x}{L_{\mathrm{amb}}}}{\sinh\dfrac{d_M}{L_{\mathrm{amb}}}} - B\frac{\sinh\dfrac{x}{L_{\mathrm{amb}}}}{\cosh\dfrac{d_M}{L_{\mathrm{amb}}}}\right] \\[2mm]
&= \frac{d_M}{L_{\mathrm{amb}}}\,\bar{n}\left[\frac{\cosh\dfrac{x}{L_{\mathrm{amb}}}}{\sinh\dfrac{d_M}{L_{\mathrm{amb}}}} - B\frac{\sinh\dfrac{x}{L_{\mathrm{amb}}}}{\cosh\dfrac{d_M}{L_{\mathrm{amb}}}}\right].
\end{aligned}
\tag{15.15}
$$

Hierbei ist

$$B=\frac{\mu_n-\mu_p}{\mu_n+\mu_p}. \tag{15.15.1}$$

Wegen der unterschiedlichen Beweglichkeiten (15.1) und (15.2) sind also die Konzentrations-Verteilungen $n(x)=p(x)$ in Wirklichkeit[13] unsymmetrisch (siehe Abb. 15.1).

---

[13] Kokosa, H. A.: Proc. IEEE 55 (1967) 1389. Dort sind auch die Verteilungen $n\,(x) = p\,(x)$ („Hängekurven") durch Beobachtung der infraroten Rekombinations-Strahlung gemessen worden. Siehe hierzu auch Krausse, J.: Solid-State Electronics 15 (1972) 841 − 848.

Bei der Berechnung des Mittelwertes $\bar{n}$ fällt das $\sinh(x/L)$-Glied wieder heraus, da es spiegelsymmetrisch zu $x=0$ ist. Also gilt nach wie vor die so anschauliche Gleichung (13.32)

$$i=\frac{2d_M e}{\tau}\,\bar{n}.$$

Im Hallschen Fall — keine Rekombination in den hochdotierten Gebieten — sind die Komplikationen, die $\mu_n \neq \mu_p$ hervorruft, also noch erträglich. Im allgemeinen Fall — Rekombination sowohl in der Mitte M wie in den hochdotierten Randgebieten R — kann das leider nicht behauptet werden. Wir wollen hierauf nicht eingehen. Uns lag vor allem daran, den Begriff der ambipolaren Beweglichkeit (15.9) und der ambipolaren Diffusionslänge

$$L_{\mathrm{amb}}=\sqrt{\mu_{\mathrm{amb}}\mathscr{V}\,\tau}=\sqrt{2\frac{\mu_n\mu_p}{\mu_n+\mu_p}\mathscr{V}\,\tau} \qquad (15.16)$$

einzuführen.

An die Tatsache, daß auch bei $\mu_n \neq \mu_p$ eine reine Diffusionsgleichung (15.10) gilt, aus der das elektrische Feld $\vec{E}$ herausgefallen ist, wird mitunter folgender physikalischer Kommentar geknüpft:

Die Bedeutung der ambipolaren Diffusionskonstante

$$D=2\frac{\mu_n\mu_p}{\mu_n+\mu_p}\mathscr{V} \qquad (15.17)$$

liegt in der Beschreibung der Ausbreitung einer neutralen Ladungsanhäufung. Aus $\mu_n \approx 3\mu_p$ folgt, daß die Elektronen dem Konzentrationsgefälle folgend, den Löchern voraneilen. Diese Ladungsverschiebung erzeugt gegenüber den nachfolgenden Löchern ein elektrisches Feld. Dieses Feld wirkt auf die langsameren Löcher beschleunigend und auf die schnelleren Elektronen bremsend, so daß die Diffusion mit einem dazwischen liegenden Wert der Diffusionskonstante erfolgt.

Bei der Ausbreitung einer neutralen Ladungsanhäufung trifft diese Beschreibung sicher zu. In den *pin*-Strukturen kann das „Vorauseilen" der Elektronen und das „Nachhinken" der Defektelektronen aber von der Tatsache ablenken, daß in diesen Strukturen die Defektelektronen von links nach rechts und die Elektronen von rechts nach links eilen. Sicher werden diese entgegengesetzten Grundströmungen durch minimale Abweichungen von der Neutralität in dem Sinne modifiziert, daß eine ambipolare Diffusionsgleichung resultiert. Vielleicht ist aber der Hinweis doch angebracht, daß Trägerbewegungen in den *pin*-Strukturen keine reine Diffusion sind, sonst würden sich ja auch die Träger am tiefsten Punkt der Hängekurven (13.34) oder (15.15) sammeln und könnten den Wiederanstieg auf der anderen Seite der Hängekurven nicht vollbringen.

D Der Thyristor[1]

16 Gesteuerte Gleichrichter (Thyristoren). Überblick

Bei einem psn-Gleichrichter ist das Mittelgebiet einheitlich dotiert, in Abb. 16.1, oben, beispielsweise einheitlich n-dotiert. Bei einem gesteuerten Gleichrichter ist dagegen das schwach dotierte Mittelgebiet links schwach n- und rechts schwach p-dotiert, so daß es sich dann um eine Vierschichtstruktur handelt (Abb. 16.1, unten).

Bei der Diskussion der Funktionsweise einer solchen Vierschichtstruktur beginnen wir mit der Polung „links minus, rechts plus" (Abb. 16.2, links). Bei dieser Polung *sperrt* die Struktur; denn die beiden äußeren Übergänge werden in Sperrichtung belastet und lassen infolgedessen nur minimale Stromdichten durch. Diese minimalen Stromdichten brauchen zum Durchfließen des mittleren np-Übergangs II nur ganz geringe Spannungen, da sie diesen Übergang in Durchlaßrichtung durchfließen. Die ganze in dieser Richtung angelegte Spannung von beispielsweise 1000 V fällt also an den äußeren Übergängen ab; im Prinzip an *beiden* äußeren Übergängen, in realen Strukturen wegen des „Loch-Emitters" nur am linken Übergang I (siehe hierzu S. 125, 126 und 135).

Um das Verhalten bei der umgekehrten Polung, also „links plus und rechts minus", zu verstehen, erinnern wir uns an das Verhalten einer dreischichtigen Struktur bei dieser Polung (Abb. 16.3, links). Der pn-Übergang in einer solchen Struktur wird dann in Durchlaßrichtung durchflossen, und die Struktur sperrt *nicht*. Noch wichtiger ist aber das typische Phänomen bei dieser Polung: die Überschwemmung des Mittelgebiets mit Elektronen und Defektelektronen (siehe z. B. Abb. 7.1, Seite 51).

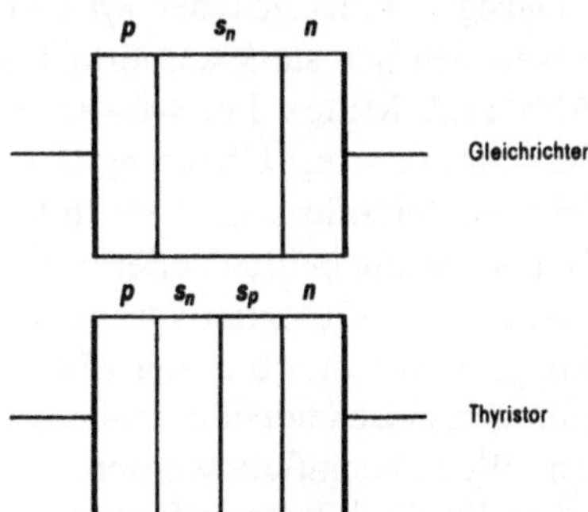

Abb. 16.1. Schichtenfolge im Gleichrichter und im Thyristor

---

[1] Moll, E. L.; Tanenbaum, M.; Goldey, J. M.; Holonyak, N. H.: Proc. IRE 44 (1956) 1174

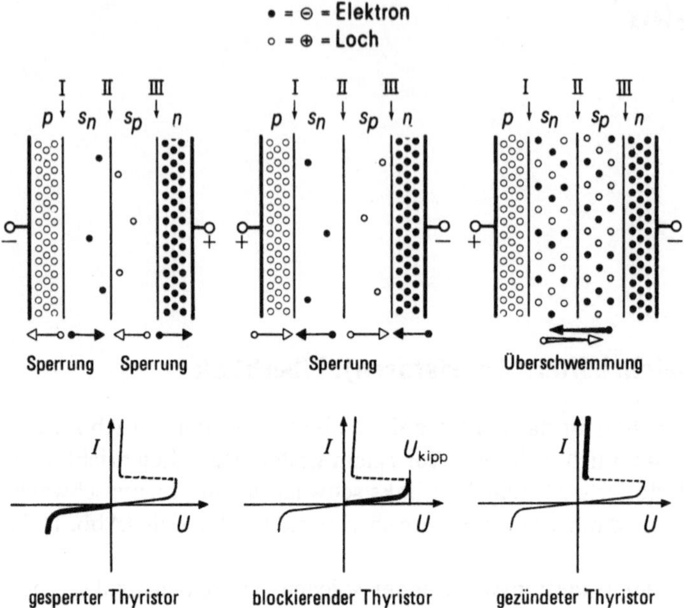

Abb. 16.2. Thyristorstruktur

Betragen nämlich die Trägerkonzentrationen im überschwemmten Mittelgebiet beispielsweise

$$p = n = 10^{+17}\ \mathrm{cm}^{-3}, \qquad (16.1)$$

so kann sich eine Dotierung des Mittelgebiets mit beispielsweise 10^{13} Donatoren pro cm³ gar nicht bemerkbar machen. Sie braucht in der Neutralitätsbedingung (10.1) oder (16.1) nicht berücksichtigt zu werden. Dann wird sich aber der Durchlaßcharakter der Kennlinie − kleine Spannung trotz großer Stromdichte − nicht ändern, wenn das Mittelgebiet nicht einheitlich dotiert ist, sondern wenn seine linke Hälfte schwach n- und seine rechte Hälfte schwach p-dotiert ist (siehe Abb. 16.3, rechts). Die dann vorliegende Vierschichtstruktur läßt also den Strom auf jeden Fall durch, wenn ihre schwach dotierten Mittelgebiete überschwemmt sind (Abb. 16.2, rechts).

Dagegen muß sich der np-Übergang II in der Mitte der Vierschichtstruktur außerordentlich stark auswirken, solange noch keine Überschwemmung vorliegt (Abb. 16.2, Mitte). Bei schwacher Injektion, also bei kleiner Stromdichte wird dieser mittlere np-Übergang II bei der betrachteten Polung nämlich in Sperrrichtung durchflossen. Deshalb fällt der überwiegende Teil der Spannung an ihm ab, und für die beiden äußeren Übergänge I und III bleibt praktisch nichts übrig.

Nach dem Gesagten verhält sich eine Vierschichtstruktur also ganz verschieden, je nachdem, ob in der Mitte viele oder wenige Träger vorhanden sind. Die demnach entscheidende Trägerdichte in der Mitte kann nun aber auf verschiedene Weise beeinflußt werden.

Die Struktur kann z. B. mit Licht bestrahlt werden. Dadurch können in der Struktur, insbesondere in ihren mittleren Schichten, durch inneren Fotoeffekt

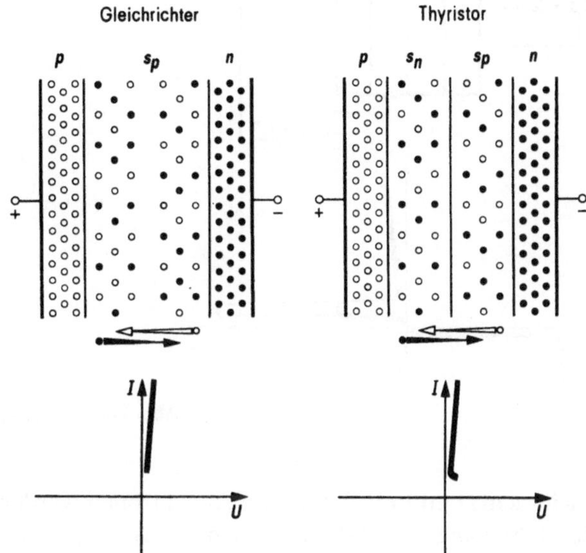

Abb. 16.3. Gleichrichter
und Thyristor bei starker
Durchlaßbelastung

viele Trägerpaare erzeugt werden. Durch diesen Eingriff von außen wird also der Zustand der Überschwemmung gewissermaßen künstlich erzeugt, und die Struktur kippt vom ungezündeten Zustand (Abb. 16.2, Mitte) in den gezündeten Zustand über (Abb. 16.2, rechts).

Eine andere Möglichkeit, dieses Überkippen zu erzwingen, besteht darin, die an die Struktur gelegte Spannung immer mehr zu erhöhen. Wir hatten oben gesehen, daß im ungezündeten Zustand diese Spannung praktisch völlig am mittleren Übergang II abfällt. Dieser Übergang wird also bei immer fortgesetzter Spannungserhöhung in den Breakdown getrieben. Die durch Stoßionisation erzeugten Trägerpaare überschwemmen die schwachdotierten Mittelgebiete, und die Struktur kippt wieder vom ungezündeten in den gezündeten Zustand über.

Schließlich gibt es noch eine dritte Möglichkeit, den Thyristor zu zünden. An einem der beiden schwachdotierten Gebiete (in der Praxis immer am p-Gebiet) wird eine sperrfreie Elektrode angebracht, die „Zündelektrode" (Abb. 16.4). Mit dieser Elektrode kann an dem rechten Übergang III, für den ja der mittlere Übergang II zunächst keine Spannung übrig läßt, eine Durchlaßspannung *erzwungen* werden. Dann emittiert dieser Übergang große Elektronenmengen in das mittlere schwachdotierte p-Gebiet. Dort diffundieren sie zum mittleren Übergang II, wo sie von dem starken internen elektrischen Feld erfaßt werden. Zusammen mit den wenigen dort thermisch neu erzeugten Elektronen werden sie in Richtung auf den linken Übergang I zu getrieben. Nun ist aber die Neutralität der ganzen Anordnung gestört. Die zusätzlich von rechts injizierten Elektronen polen mit ihrer Raumladung den bis dahin nur ganz schwach vorgespannten Übergang I kräftig in Durchlaßrichtung, worauf er Defektelektronen

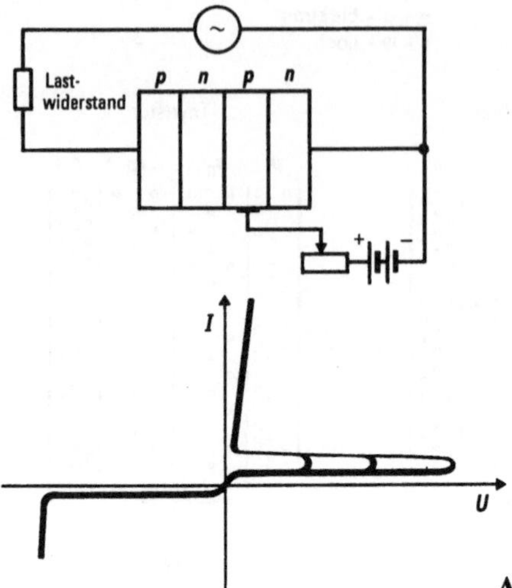

Abb. 16.4. Thyristor mit Steuerelektrode („gate")

nach rechts emittiert. Diese Defektelektronen werden vom starken internen Feld des Übergangs II erfaßt und in die p-Basis geschwemmt. Dort haben sie die gleiche Wirkung wie die von der Zündelektrode injizierten Defektelektronen, nämlich den Übergang III zur Elektronenemission zu veranlassen. Auf diese Weise schaukelt sich der Prozeß auf. In den beiden Mittelgebieten entsteht eine quasineutrale Trägerüberschwemmung, die die schwachen Dotierungen der Mittelgebiete übertrifft, und die Struktur muß in den gezündeten Zustand überkippen.

Wenn ein Thyristor erst einmal gezündet worden ist, wird die Überschwemmung seiner Mittelgebiete durch Injektion von Löchern und Elektronen aus den beiderseitigen hochdotierten Randgebieten aufrecht erhalten, in ganz der glei-

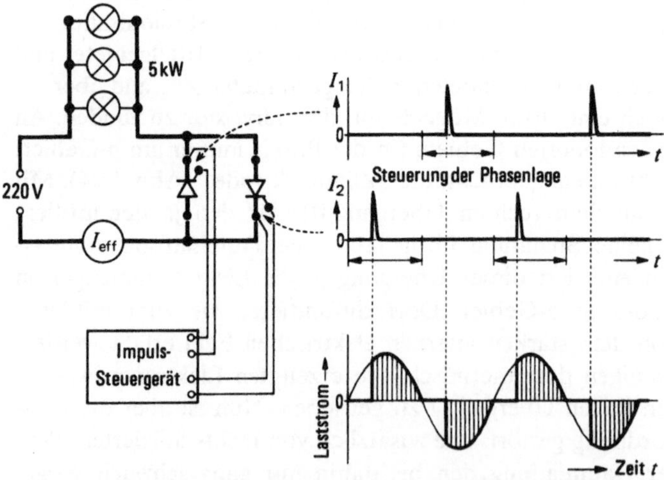

Abb. 16.5. Thyristor-Antiparallelschaltung für Scheinwerfersteuerung

118

chen Weise wie in einer dreischichtigen Gleichrichterstruktur (Abb. 16.3, links). Die Zündspannung braucht also nicht dauernd an der Zündelektrode aufrechterhalten zu bleiben, für die Zündung genügt vielmehr ein kurzer Zündimpuls.

Andererseits kann der Thyristor nicht durch Wegnahme der Zündspannung gelöscht werden. Dafür muß vielmehr die Spannung zwischen Kathode und Anode umgepolt oder zumindesten abgeschaltet werden. Der Thyristor ist also zunächst einmal für die Regelung von Wechselstromverbrauchern geeignet. Als primitives Beispiel zeigt die Abb. 16.5 eine sog. Phasenanschnitts-Steuerung. In den vergangenen zwanzig Jahren hat sich aber in Gestalt der „Leistungselektronik" eine umfassende Technik entwickelt, die auch in Gleichstromnetzen den Einsatz von Thyristoren für die Steuerung von Verbrauchern ermöglicht.

Das di/dt-Problem

Obwohl in den letzten Jahren lichtgezündete Thyristoren zunehmende Bedeutung bekommen, ist die dritte Methode, also die Zündung durch eine an der p-Schicht angebrachte Zündelektrode, das am häufigsten gewählte Verfahren. Damit kommen wir zugleich zu einer für die Thyristorentwicklung typischen Aufgabe, nämlich zu dem sog. di/dt-Problem. Die Abb. 16.6 zeigt eine Thyristortablette in Aufsicht und im Querschnitt. Die zentrale Zündelektrode hat einen verhältnismäßig kleinen Durchmesser − verständlicherweise − denn die von ihr besetzte Fläche geht ja für den eigentlichen Stromtransport verloren. Die Thyristortablette wird zunächst nur in der unmittelbaren Nachbarschaft der Zündelektrode gezündet. Die Überschwemmung mit Trägern muß sich also nicht nur von den beiden hochdotierten Gebieten aus axial in die schwachdotierten Gebiete hinein ausbreiten (Abb. 16.7), sondern auch radial von der Zündelektrode aus nach außen. Wenn nun der Strom sehr schnell ansteigt, z. B. dadurch, daß sich Kapazitäten der äußeren Schaltung entladen, so trifft dieser Stromstoß auf

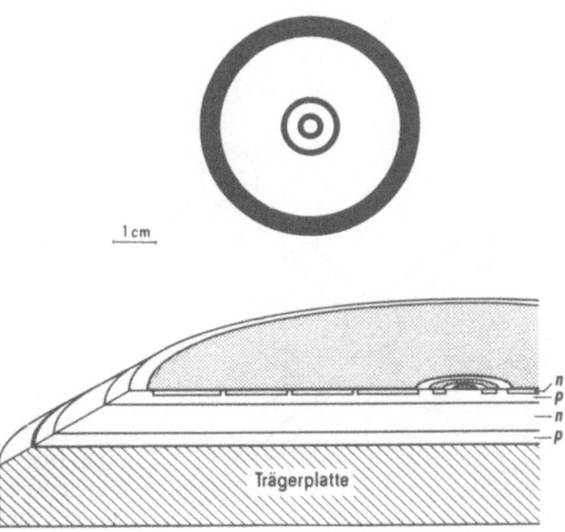

Abb. 16.6. Thyristortablette in Aufsicht und Querschnitt (siehe auch Abb. 16.18)

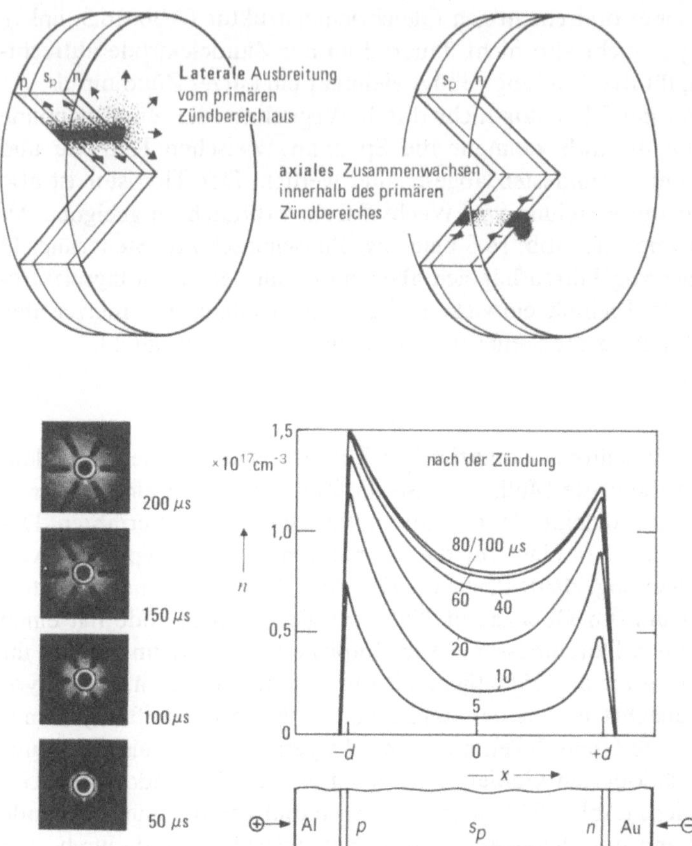

Abb. 16.7. Laterale und axiale Ausbreitungserscheinungen innerhalb einer zündenden Tablette

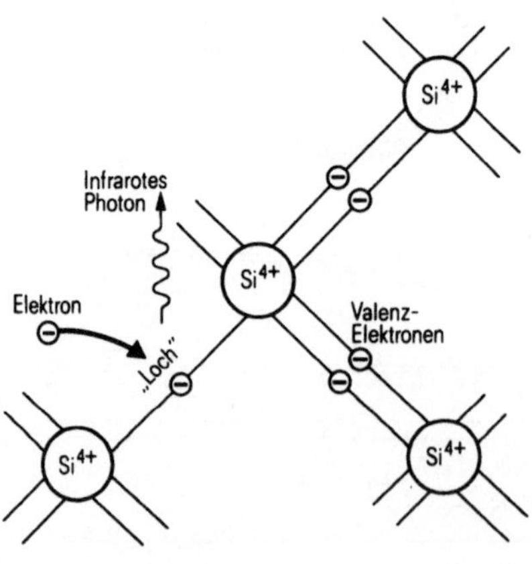

Abb. 16.8. Entstehung eines infraroten Photons durch Rekombination eines Elektrons und eines „Loches"

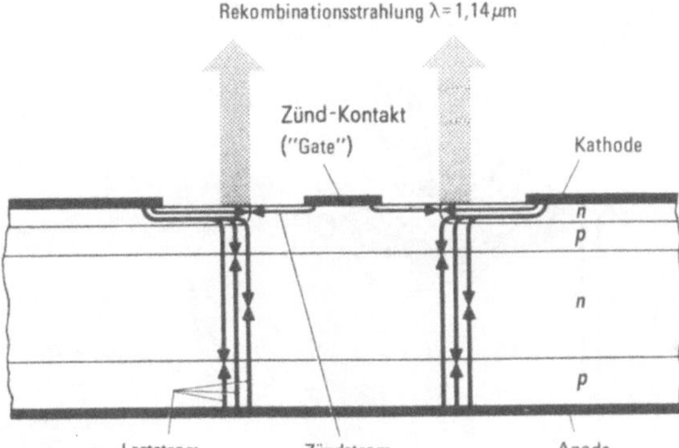

Abb. 16.9. Entstehung der Rekombinationsstrahlung beim Zünden

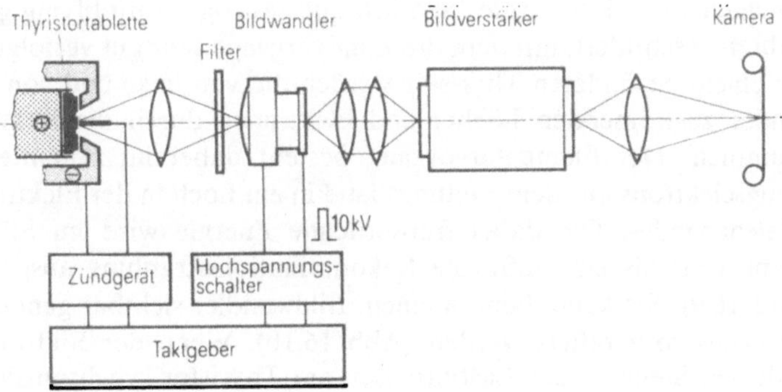

Abb. 16.10. Beobachtung der lateralen Zündausbreitung in einer Thyristortablette

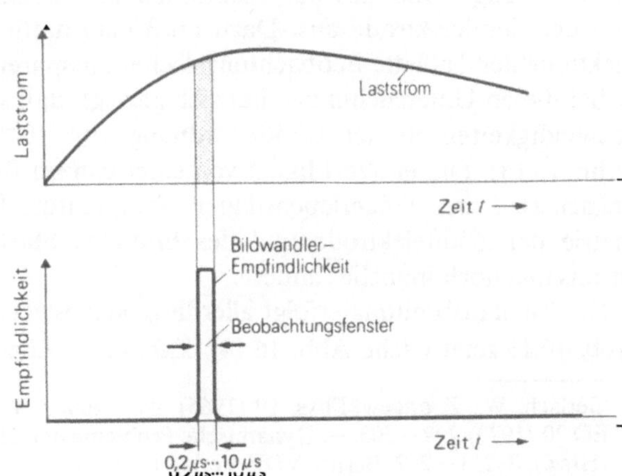

Abb. 16.11. Prinzip der Funktionsweise der Apparatur mit einem zeitlich verschiebbaren Beobachtungsfenster

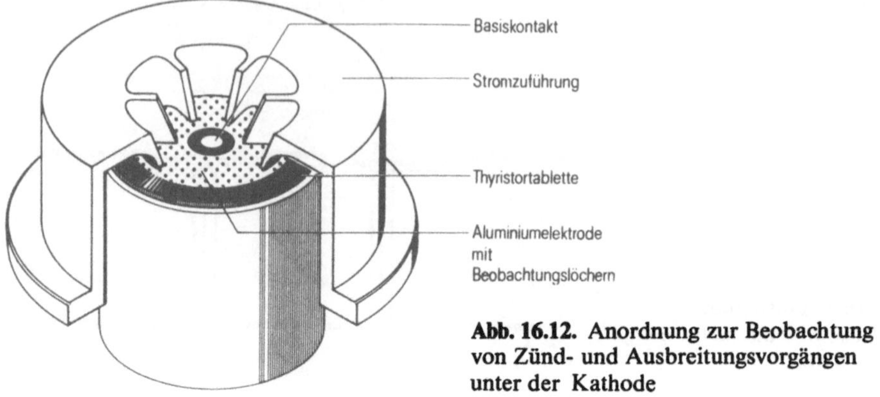

Abb. 16.12. Anordnung zur Beobachtung
von Zünd- und Ausbreitungsvorgängen
unter der Kathode

einen Thyristor, der infolge unvollständiger Durchzündung einer solchen Belastung gar nicht gewachsen ist und zerstört wird.

Bevor wir auf die konstruktive Maßnahme eingehen, mit der dieses Problem weitgehend gelöst wurde (nämlich auf das sog. „Amplifying gate"), sei ein Verfahren geschildert, mit dem die Zündvorgänge sehr gut verfolgt werden können [2]. In einem gezündeten Thyristor werden die von links und von rechts aus aufeinander zuströmenden Löcher und Elektronen durch die Rekombination aufgenommen. Der Elementarvorgang besteht dabei im Hinunterfallen eines Leitungselektrons aus dem Leitungsband in ein Loch in der Elektronenbesetzung des Valenzbandes. Die dabei freiwerdende Energie wird im Silizium (wenigstens zum Teil) als eine infrarote Rekombinationsstrahlung ausgestrahlt (Abb. 16.8 und 16.9). Sie kann dann in einem Bildwandler sichtbar gemacht und nach Verstärkung fotografiert werden (Abb. 16.10). Wenn der Bildwandler gepulst und mit den Steuer- oder Lastimpulsen am Thyristor synchronisiert wird, kann der Vorgang oder derjenige Teil eines Vorgangs, den man beobachten will, sehr oft wiederholt werden. Auf diese Weise gewinnt man genügend Intensität, um von den Schaltvorgängen in einem Thyristor „Momentaufnahmen" zu machen (Abb. 16.11). Insbesondere interessiert der radiale Ausbreitungsvorgang der „Überschwemmung", also des aus Elektronen und Löchern bestehenden „Plasmas" von der Zündelektrode aus. Dazu muß man natürlich in der Aluminiumdeckelektrode der Tablette Beobachtungslöcher aussparen (Abb. 16.12).

Bei diesen Untersuchungen hat sich gezeigt, daß sich die Plasmafront mit Geschwindigkeiten in der Größenordnung von 10^{-3} bis 10^{-2} cm/μs ausbreitet (Abb. 16.13). Dieser Wert hängt von einer ganzen Reihe von Parametern ab. Zu nennen sind hier Trägerlebensdauer, Temperatur, Tiefe der Basisgebiete, Geometrie der Zündelektrode und des Emitters, Stärke und Steilheit des Zündstroms und noch manches andere.

Die Zündausbreitung erfolgt allerdings keineswegs immer so homogen, wie es Abb. 16.13 zeigt (siehe Abb. 16.14). Zahlreiche Zündversuche, die mit der Infra-

---

[2] Gerlach, W.: Z. angew. Phys. 19 (1965) 396 – 400. – Voss, P.: IEEE Trans. Electr. Dev. ED 20 (1973) 299 – 303. –: Dynamische Probleme der Thyristortechnik. Depenbrock, M. (Hrsg.), S. 251 – 262. Berlin: VDE-Verlag 1971

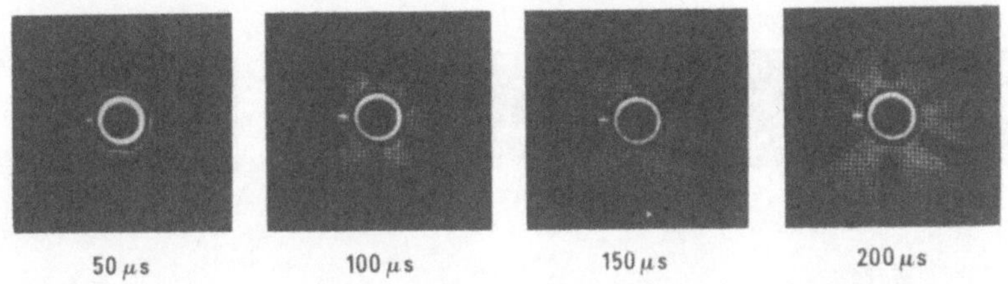

Abb. 16.13. Zündausbreitung in einem Thyristor ohne Kurzschlußlöcher mit etwa $3 \cdot 10^{-3}$ cm $(\mu s)^{-1} = 30$ μm $(\mu s)^{-1}$ $di/dt = 4$ A $(\mu s)^{-1}$. Abstand der Beobachtungslöcher 0,5 mm

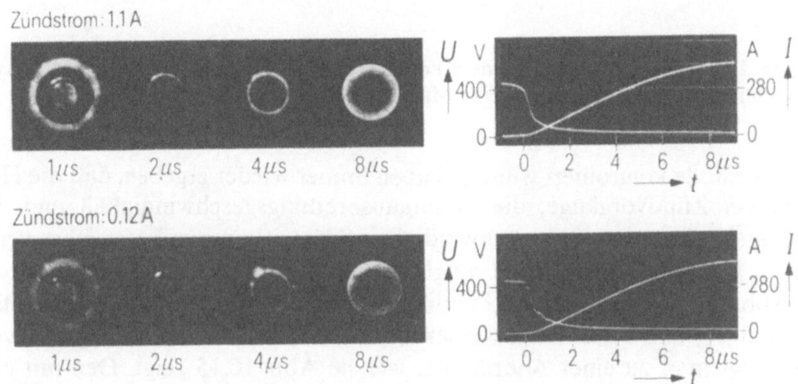

Abb. 16.14. Zündausbreitung bei unterschiedlichen Zündströmen

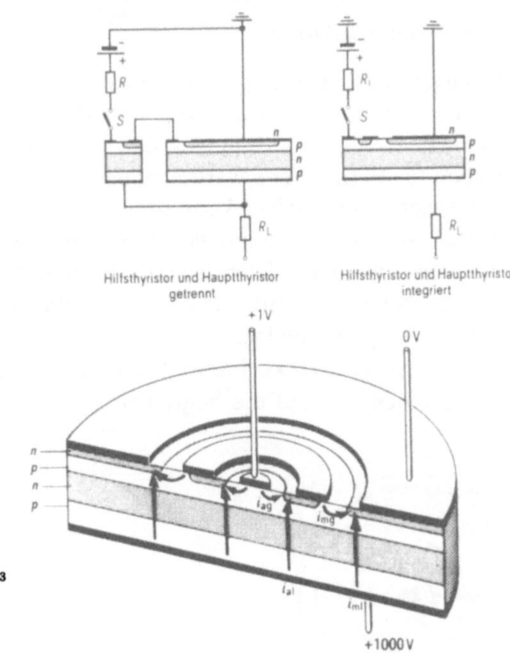

Abb. 16.15. Thyristor mit Amplifying[3]
gate.
$i_{ag} = i_{\text{auxiliary gate}}$ $i_{mg} = i_{\text{main gate}}$
$i_{al} = i_{\text{auxiliary load}}$ $i_{ml} = i_{\text{main load}}$

---

[3] Gentry, F. E.; Moyson, J.: IEEE Device Conference 1968, p.110

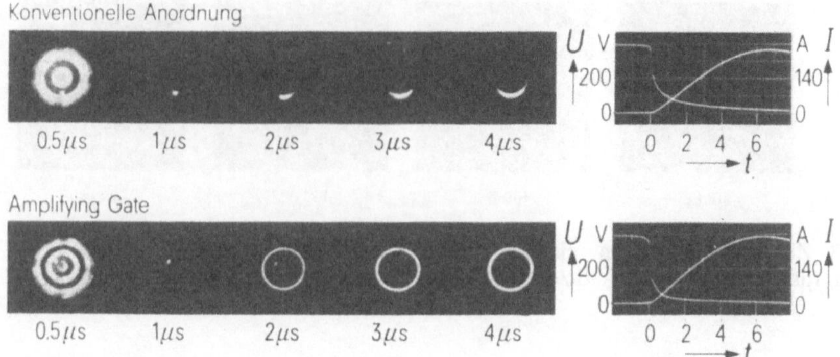

Abb. 16.16. Zündvorgang in einem konventionellen Thyristor und in einem Thyristor mit Amplifying gate. Zündstrom beide Male 0,12 A

rotmethode kontrolliert wurden, haben immer wieder ergeben, daß die Homogenität der Zündvorgänge, die Plasmaausbreitungsgeschwindigkeit und damit die zulässige Stromanstiegsgeschwindigkeit sehr wirkungsvoll gesteigert werden können, wenn die Zündströme möglichst stark sind und möglichst rasch ansteigen (Abb. 16.14, oben). Starke Zündimpulse kann man nun mit einem Hilfsthyristor erzeugen, und dieser kann wiederum in den Hauptthyristor integriert werden. So gelangt man zu einer Anordnung, wie sie Abb. 16.15 zeigt. Den mit einem solchen „Amplifying gate" erzielten Fortschritt zeigt Abb. 16.16.

Emitter-Fingerstrukturen

Seit einigen Jahren werden Thyristoren auch für höhere Frequenzen als 50 Hz gebraucht. Zum Beispiel arbeitet man in den Bordnetzen von Flugzeugen gern mit 400 Hz zwecks Herabsetzung der Transformatorengewichte. Bei Lokomotivantrieben für Fernbahnen werden neuerdings drehzahlgeregelte Drehstrommotoren eingesetzt. Im Nahverkehr arbeitet man meistens mit Gleichstrom. Aber auch hier braucht man schnelle Thyristoren in den sog. Gleichstromstellern, die für Regelzwecke den Gleichstrom zerhacken. Die gleiche Aufgabe liegt auch bei batteriegetriebenen Fahrzeugen vor, wo übrigens erfreulicherweise die erforderliche Sperrfähigkeit niedrig ist.

Für alle diese Zwecke braucht man also „schnelle" Thyristoren, deren Konstruktion Rücksicht auf die begrenzte Ausbreitungsgeschwindigkeit des Plasmas

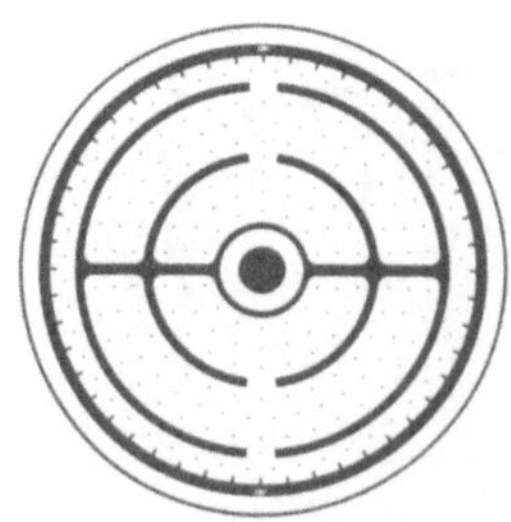

Abb. 16.17. Emitterelektrode mit Fingerstruktur

nimmt. Man muß dann den großen Vorteil des Thyristors, nämlich die großflächige Ausnutung der Tablettenfläche, teilweise opfern und muß Elektroden mit Formen anwenden, wie sie Abb. 16.17 zeigt. Das wird auch bei den immer größer werdenden Thyristortypen notwendig, deren Tablettendurchmesser sich heute (1978) 10 cm zu nähern beginnen.

Das dU/dt-Problem

Ein anderes dynamisches Thyristorproblem ist das sog. dU/dt-Problem. Wird an einen stromlosen Thyristor eine Spannung in Durchlaßrichtung gelegt, so soll der Thyristor ohne Zündbefehl nicht zünden, er soll vielmehr blockieren, weshalb man diese „Vorwärtsrichtung" auch „Blockierrichtung" nennt, im Gegensatz zur „Sperr"- oder „Rückwärtsrichtung", in der der Thyristor überhaupt nicht gezündet werden kann.

Damit der Thyristor in Vorwärtsrichtung blockiert, muß der mittlere np-Übergang II in den sperrenden Zustand versetzt werden. Dazu muß seine Raumladungszone von beweglichen Trägern leergeräumt werden. Bei diesem Räumungsvorgang kommen auf den Übergang III Defektelektronen zu. Dieser Defektelektronenstromstoß kann aber genauso wirken wie eine Zündimpuls von der Zündelektrode her, der ja auch Defektelektronen in die p-Schicht vor dem n-Emitter injiziert.

Das Gegenmittel, das hierfür ganz allgemein angewendet wird, ist der sog. Lochemitter (Abb. 16.18)[4]. Dabei wird der Übergang III mit einer Reihe von Kurzschlußlöchern versehen, durch die die bei einem (dU/dt)-Stoß ankommenden Defektelektronen nach rechts abfließen können, ohne daß am pn-Übergang III eine Spannung entsteht, die diesen Emitterübergang III in Durchlaßrichtung polen und damit zur Elektroneninjektion veranlassen würde, wodurch dann ein Zündvorgang mit der gegenseitigen Aufschaukelung der Übergänge III und I

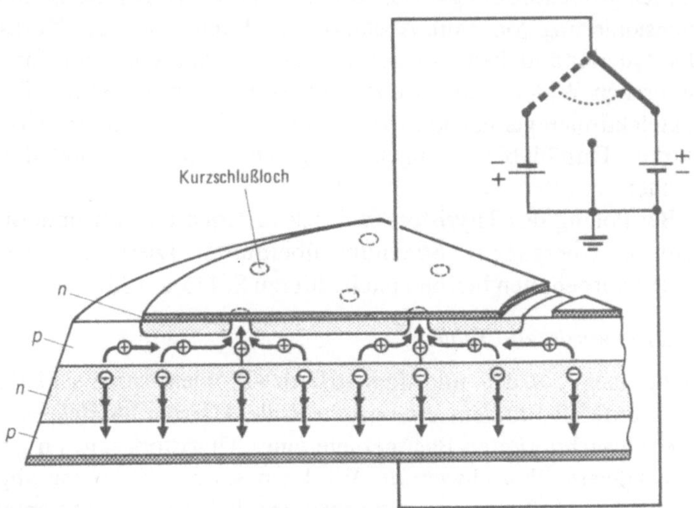

Abb. 16.18. Thyristorstruktur mit Lochemitter ("shorted emitter")

[4] Aldrich, R. W.; Holonyak Jr., N.: J. appl. Phys. 30 (1959) 1819

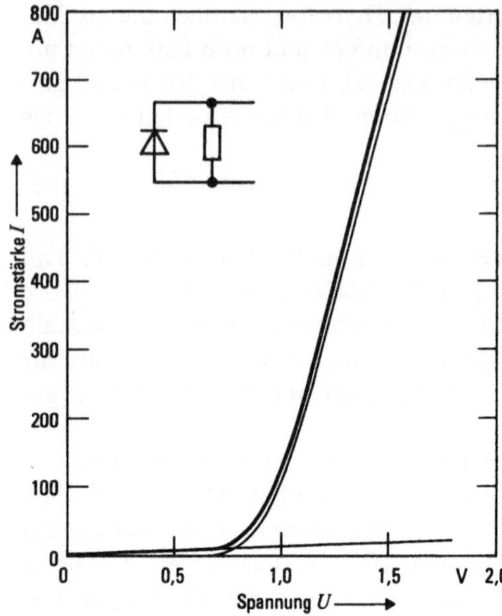

Abb. 16.19. Parallelschaltung einer Diode und eines ohmschen Widerstands

ausgelöst würde. Die Kurzschlußlöcher dürfen andererseits nicht verhindern, daß der n-Emitter in Durchlaßrichtung gepolt werden kann und dann Elektronen injiziert.

Diese sich scheinbar gegenseitig ausschließenden Forderungen lassen sich doch miteinander vereinbaren, weil die Kennlinie des Übergangs III Diodencharakter hat. Das heißt in diesem Zusammenhang, daß bei kleinen Durchlaßbelastungen der Nullwiderstand groß ist und daß bei großen Durchlaßbelastungen der Widerstand infolge des exponentiell ansteigenden Durchlaßstroms sehr schnell größenordnungsweise abnimmt (Abb. 16.19). So ist es bei geeigneter Dimensionierung von Zahl, Abstand und Durchmesser der Kurzschlußlöcher sowie der Querleitfähigkeit der p-Basis unmittelbar vor dem Emitter möglich, den öhmschen Widerstand für das Abfließen der am Übergang II ausgeräumten Defektelektronen genügend niedrig zu halten [5], ohne daß der Übergang III auch bei starken Durchlaßbelastungen kurzgeschlossen bleibt und dann nicht injizieren könnte.

Bei Polung des Thyristors in Rückwärtsrichtung verhindern die Kurzschlüsse, daß der Übergang III Spannung übernimmt. Diese Aufgabe kann dem Übergang I vorbehalten bleiben (siehe hierzu S. 115 u. 135).

Das Freiwerdezeit-Problem

Neben dem $(\mathrm{d}i/\mathrm{d}t)$- und dem $(\mathrm{d}U/\mathrm{d}t)$-Problem spielt schließlich noch das sog. Freiwerdezeit-Problem eine große Rolle. Hierbei handelt es sich um folgendes: Die schwachdotierten Basisgebiete eines Thyristors sind im gezündeten Zustand von Trägern überschwemmt. Wird ein solcher Thyristor abgeschaltet, so verschwindet die Trägerüberschwemmung keineswegs momentan. Kehrt also die

---

[5] Frohmader, K. P.: Physik des Kurzschlußemitters, Diss. TU Aachen 1971. − Burtscher, J. und E. Spenke: Siemens Forsch. u. Entw. Ber. 3 (1974) 234−247

Spannung in Durchlaßrichtung zu schnell wieder, so blockiert der Thyristor nicht, sondern läßt den Strom auch ohne Zündbefehl sofort wieder durch.

Manchmal versucht man, das Freiwerden des Mittelgebiets des Thyristors dadurch zu beschleunigen, daß man Träger über die Zündelektrode abzusaugen versucht, wozu man die Zündelektrode nicht in Durchlaß-, sondern in Sperrrichtung polen muß. Diese Maßnahme ist aber verständlicherweise nicht sehr wirksam, weil eben die Zündelektrode nur ein kleines Areal auf der großen Thyristortablette besetzt, so daß die gewünschte Trägerabsaugung doch nur aus einer engen Nachbarschaft der Zündelektrode gelingen kann.

Es hilft wenig anderes, als in die Thyristorstruktur extra Rekombinationszentren einzubauen, so daß die Trägerüberschwemmung nach Abschalten der Durchlaßpolung durch Rekombination abgebaut wird. Die zusätzlich eingebauten Rekombinationszentren (meistens Gold) verkleinern natürlich die Trägerlebensdauer (diese Wirkung wird ja zur Lösung des Freiwerdezeit-Problems benützt). Die kleinere Lebensdauer verkürzt aber auch die Diffusionslänge $L = \sqrt{\mu \mathcal{V} \tau}$. Dadurch hängen die in den Abschn. 13 und 14 gezeigten Hängekurven tiefer durch, und der Bahnwiderstand der überschwemmten Mittelgebiete wird größer, als er ohne die zusätzlich eingebrachten Rekombinationszentren wäre. Das erhöht natürlich die Durchlaßspannung. Um das Freiwerdezeit-Problem zu mildern, muß man also Durchlaßqualität und damit Stromtragfähigkeit opfern.

Abschließend sei nur noch darauf hingewiesen, daß das (dU/dt)- und das Freiwerdezeit-Problem sehr ähnlich bzw. gekoppelt sind. Beim (dU/dt)-Problem ist der Ausgangszustand der stromlose Zustand, beim Freiwerdezeit-Problem der durch eine vorhergehende Durchlaßbelastung überschwemmte Thyristor. In beiden Fällen handelt es sich aber darum, daß ein rascher Spannungsanstieg in Durchlaßrichtung nicht zur Zündung führen soll, daß dies vielmehr einem Zündbefehl über die Steuerelektrode vorbehalten bleibt.

17 Einige Begriffe und Vorstellungen aus der Transistorphysik

In Band 1 dieser Buchreihe („Grundlagen der Halbleiter-Elektronik") wurde bereits der Transistor einführend nach der Shockleyschen Theorie behandelt. In dieser Theorie wird eine Reihe von Vorgängen beschrieben, die auch im Thyristor ablaufen. Zur besseren Verknüpfung mit Band 6 dieser Buchreihe („Bipolare Transistoren") werden die betreffenden Vorstellungen und Begriffe nachstehend kurz entwickelt, ohne daß freilich auf gerade beim Transistor wichtige Fragen wie z. B. die nach der Grenzfrequenz eingegangen wird.

Der Transistor ist in erster Linie eine Vorrichtung zum Verstärken elektrischer Signale, und so ist es vielleicht nicht ganz abwegig, bei einer Diskussion seiner Wirkungsweise an die in dieser Beziehung älteste und wohl auch einfachste Vorrichtung anzuknüpfen, nämlich an das elektromagnetische Telegrafenrelais (Abb. 17.1). Bei diesem betätigt ein von fern her über lange Leitungen kommender und daher schwacher Strom einen Schalter, der dem Strom einer örtlichen Stromquelle den Weg freigibt oder sperrt. Etwas abstrahierend kann man das

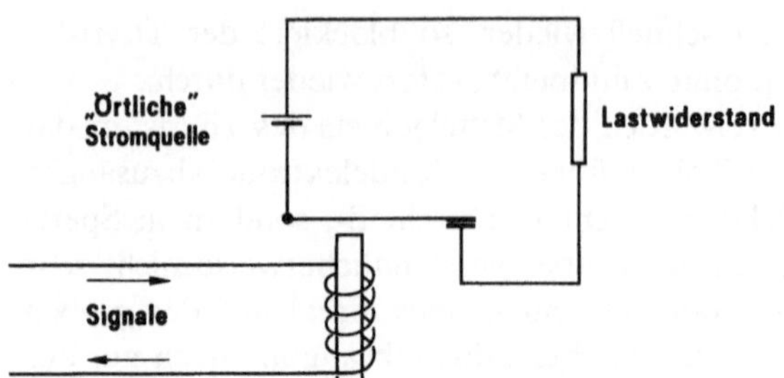

Abb. 17.1. Verstärkung durch ein elektromagnetisches Telegrafenrelais

Wesentliche des Vorgangs darin erblicken, daß durch das Signal ein Leitwert im Strompfad der örtlichen Stromquelle variiert wird, und zwar geschieht das im vorliegenden Fall durch Veränderung eines Leitungsquerschnitts an einer bestimmten Stelle.

Auch in den sog. Feldeffekttransistoren (Band 7 dieser Buchreihe) wird der Querschnitt des Laststromkreises variiert, im Gegensatz zum klassischen Telegrafenrelais allerdings kontinuierlich. Die Signalspannung vergrößert oder verkleinert die Tiefe einer Raumladung (Abb. 17.2), wodurch der Strompfad des Laststromkreises verbreitert oder verengt wird. In diesem Transistortyp wird also der Fluß der Majoritätsträger zwischen „Quelle" und „Senke" gesteuert. Im Prinzip spielen dabei die Minoritätsträger keine Rolle. Man kann daher die verschiedenen möglichen Ausführungen dieses Transistortyps als „Unipolartransistoren" zusammenfassen.

Beim bipolaren *pnp*-Transistor steht einem in Sperrichtung vorgespannten *np*-Übergang, dem „Collector", ein in Durchlaßrichtung mehr oder weniger vorgespannter *pn*-Übergang als „Emitter" gegenüber. Das dazwischenliegende *n*-Gebiet wird als „Basis" bezeichnet (Abb. 17.3). Der Sperrstrom des Collectors ist gering, wenigstens zum Teil, weil die Stromergiebigkeit seiner beiderseitigen Diffusionsschwänze erschöpft ist (siehe S. 29 und Abb. 3.4). Die Erschöpfung

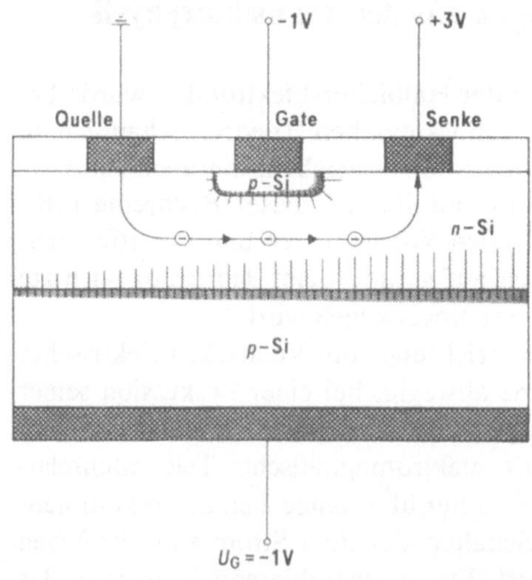

Abb. 17.2. Feldeffekttransistor

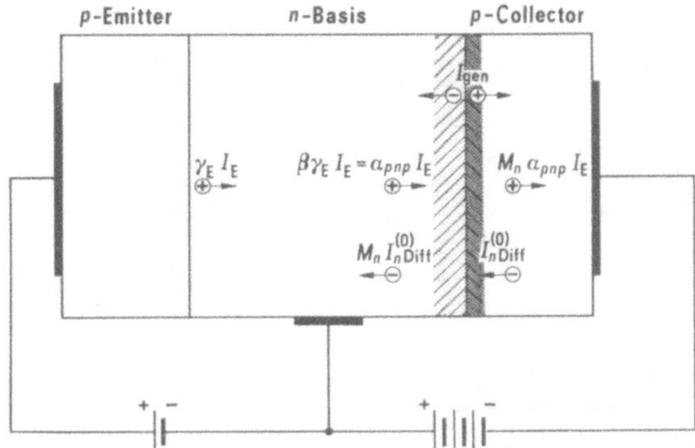

Abb. 17.3. *pnp*-Transistor

des basisseitigen Collector-Diffusionsschwanzes wird durch Injektion von Defektelektronen aus dem *p*-Emitter quer durch die *n*-Basis zum *p*-Collector mehr oder weniger behoben, und zwar dadurch, daß durch eine Elektrode an der Basis die Vorspannung des Emitters vergrößert oder verkleinert wird. Auf diese Weise werden die Schwankungen der Signalspannung in starke Schwankungen des Collectorstroms umgesetzt.

Der Emitterwirkungsgrad γ_E

Der linke *pn*-Übergang in Abb. 17.3 soll möglichst nur Defektelektronen in die Basis emittieren. Zu diesem Zweck muß das linke *p*-Gebiet gegenüber der Basis stark dotiert sein. Es ist aber prinzipiell nicht zu vermeiden, daß der Emitterstrom I_E teilweise auch von Elektronen getragen wird, die aus der *n*-Basis in den linken *p*-Emitter fließen. Für den Emitterwirkungsgrad γ_E gilt also immer

$$\gamma_E = \frac{I_{Ep}}{I_E} < 1. \tag{17.1}$$

Der Transportfaktor β

Von dem aus dem linken *p*-Emitter emittierten Defektelektronenstrom $\gamma_E I_E$ rekombiniert aber ein Teil in der mittleren *n*-Basis mit den dort als Majoritätsträger zahlreich vorhandenen Elektronen. Nur ein Bruchteil β kommt rechts am Collector an. Der von Defektelektronen getragene Anteil I_{Cp} des Collectorstroms I_C ist also

$$I_{Cp} = \beta I_{Ep} = \beta \gamma_E I_E = \alpha_{pnp} I_E \tag{17.2}$$

mit

$$\alpha_{pnp} = \beta \gamma_E < 1. \tag{17.3}$$

Obwohl α_{pnp} immer kleiner 1 ist, wird diese Größe allgemein als Strom„verstärkungs"faktor bezeichnet.

Trägermultiplikation in der Raumladungszone des Collectors

Wir betrachten zunächst einen einsamen *np*-Übergang, dem kein Emitter gegenübersteht (Abb. 17.4). Den Sperrstrom I_C dieses Übergangs speisen drei Quellen:

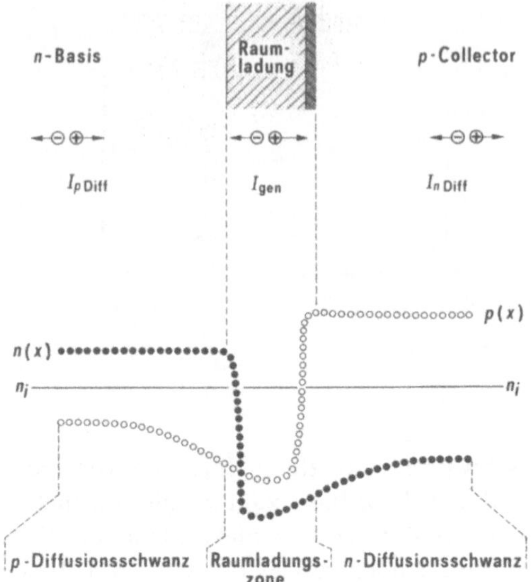

Abb. 17.4. Die Quellen des Sperrstroms in einem Silizium-np-Übergang

— die thermische Neuerzeugung innerhalb der Raumladungszone: I_{gen};

— die thermische Neuerzeugung im rechten p-Gebiet; die neuerzeugten Elektronen diffundieren nach links in die Raumladungszone: $I_{n\,\text{Diff}}$;

— die thermische Neuerzeugung in der n-Basis; die neuerzeugten Defektelektronen diffundieren nach rechts in die Raumladungszone: $I_{p\,\text{Diff}}$.

Es ist also

$$[I_{\text{C}}]_{I_{\text{E}}\,=\,0}=I_{\text{gen}}+I_{p\,\text{Diff}}^{(0)}+I_{n\,\text{Diff}}^{(0)}. \tag{17.4}$$

In Silizium spielt die Neuerzeugung I_{gen} in der Raumladungszone des Collectors bei Zimmertemperatur eine wichtige Rolle. Da die Dicke der Raumladungszone mit der Sperrspannung U_{CB} zwischen Collector und Basis steigt, ist I_{gen} eine Funktion von U_{CB} (Abschn. 7). Diese funktionale Abhängigkeit von U_{CB} wird bei starken Sperrspannungen U_{CB} durch Stoßionisation und Lawinenbildung noch viel stärker. Wir haben also

$$I_{\text{gen}}=I_{\text{gen}}(U_{\text{CB}}). \tag{17.5}$$

Die Diffusionsanteile in (17.4) werden ebenfalls durch Stoßionisation und Lawinenbildung vervielfacht. Jedes aus dem n-Gebiet an die Raumladungszone herandiffundierende Defektelektron löst nach Eintritt in die Raumladungszone eine Lawine aus, und zwar jedes Defektelektron eine gleich starke Lawine. Der eintretende Diffusionsstrom $I_{p\,\text{Diff}}^{(0)}$ wird also mit einem Faktor $M_p(U_{\text{CB}})$ vervielfacht:

$$I_{p\,\text{Diff}}=M_p(U_{\text{CB}})\,I_{p\,\text{Diff}}^{(0)}. \tag{17.6}$$

Für die Abhängigkeit von M_p von der Sperrspannung U_{CB} macht man meistens den Ansatz

$$M_p(U_{\text{CB}})=\frac{1}{\left(1-\dfrac{U_{\text{CB}}}{U_b}\right)^{n_p}} \tag{17.7}$$

mit

$$n_p \approx 2 \tag{17.7.1}$$

Der Multiplikationsfaktor ist also bei niedrigen Sperrspannungen gleich 1, um bei Annäherung an $U_b = U_{\text{Breakdown}}$ stark anzusteigen. Entsprechend gilt für den rechten Elektronendiffusionsschwanz, der aus dem p-Gebiet kommt

$$I_{n\,\text{Diff}} = M_n (U_{\text{CB}})\, I_{n\,\text{Diff}}^{(0)} \tag{17.8}$$

$$M_n (U_{\text{CB}}) = \dfrac{1}{1 - \left(\dfrac{U_{\text{CB}}}{U_b}\right)^{n_n}} \tag{17.9}$$

$$n_n \approx 3{,}5 \tag{17.9.1}$$

Aus (17.4) erhalten wir also mit (17.5), (17.6) und (17.8)

$$\left[I_{\text{C}}\right]_{I_{\text{E}}=0} = I_{\text{gen}}(U_{\text{CB}}) + M_p\, I_{p\,\text{Diff}}^{(0)} + M_n\, I_{n\,\text{Diff}}^{(0)}. \tag{17.10}$$

Jetzt stellen wir dem bisher einsamen np-Übergang links einen pn-Übergang gegenüber. Wir betrachten also wieder die Transistorstruktur des Bildes 17.3. (17.10) ändert sich nun dadurch, daß jetzt der neue pn-Übergang als Emitter wirkt und einen Defektelektronenstrom $\gamma_{\text{E}} I_{\text{E}}$ zum Collector herüberschickt, von dem allerdings nur der Bruchteil β bis zur Collector-Raumladungszone kommt: Für $I_{p\,\text{Diff}}^{(0)}$ ist jetzt also $\beta \gamma_{\text{E}} I_{\text{E}}$ bzw. mit (17.3) $\alpha_{pnp} I_{\text{E}}$ einzusetzen. Dadurch wird aus (17.10)

$$I_{\text{C}} = I_{\text{gen}}(U_{\text{CB}}) + M_p\, \alpha_{pnp}\, I_{\text{E}} + M_n\, I_{n\,\text{Diff}}^{(0)}. \tag{17.11}$$

Im Abschn. 18 kommen wir wieder auf den Thyristor zu sprechen.

18 Sperr- und Blockierspannung der Thyristoren

Wir fügen der Transistorstruktur des Bildes 17.3 rechts noch einen n-Emitter hinzu (Abb. 18.1), gehen also zu einer vierschichtigen Thyristorstruktur über. Die beiden mittleren Gebiete werden n- bzw. p-Basis genannt, die linke und die rechte Elektrode „Anode A" und „Kathode K". Die p-Basis ist mit dem sperrfreien Steuerkontakt G („Gate") versehen. Die drei Übergänge kennzeichnen wir durch die Indizes I, II und III.

Der gegenüber Abschn. 17 neu hinzugefügte n-Emitter schickt Elektronen nach links durch die p-Basis in den mittleren in Sperrichtung gepolten Über-

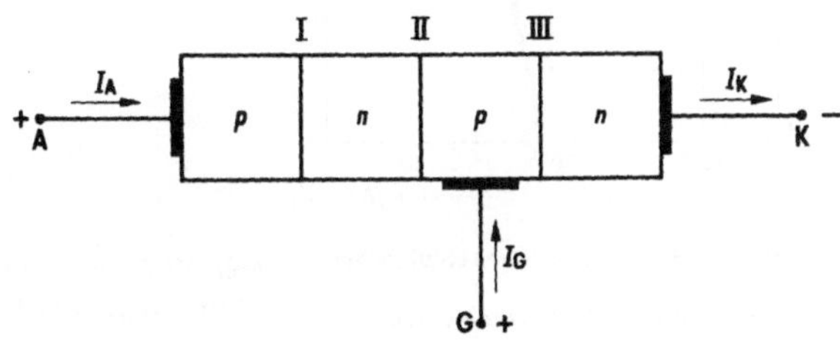

Abb. 18.1. Thyristorstruktur in Blockierrichtung gepolt

gang II. Ähnlich wie wir (17.11) aus der Beziehung (17.10) durch die Substitution $I^{(0)}_{p\,\mathrm{Diff}} \to \alpha_{pnp} I_\mathrm{E}$ erhielten, haben wir jetzt in (17.11) auch im letzten Glied $I^{(0)}_{n\,\mathrm{Diff}}$ durch $\alpha_{npn} I_\mathrm{III}$ zu ersetzen:

$$I_\mathrm{C} = I_\mathrm{II} = I_\mathrm{gen}(U_\mathrm{II}) + M_p(U_\mathrm{II})\,\alpha_{pnp}\,I_\mathrm{I} + M_n(U_\mathrm{II})\,\alpha_{npn}\,I_\mathrm{III}. \tag{18.1}$$

Die Thyristorstruktur der Abb. 18.1 befindet sich nur dann in einem stationären Zustand, wenn die Ströme durch die drei Übergänge I, II und III die Kirchhoffsche Knotenregel befolgen:

Mit

$$I_\mathrm{I} = I_\mathrm{II} = I_\mathrm{A} \tag{18.2}$$

und mit

$$I_\mathrm{III} = I_\mathrm{K} = I_\mathrm{A} + I_\mathrm{G} \tag{18.3}$$

wird also aus (18.1)

$$I_\mathrm{A} = I_\mathrm{gen}(U_\mathrm{II}) + M_p(U_\mathrm{II})\,\alpha_{pnp}\,I_\mathrm{A} + M_n(U_\mathrm{II})\,\alpha_{npn}\,(I_\mathrm{A} + I_\mathrm{G}). \tag{18.4}$$

Wir lösen diese Gleichung nach I_A auf:

$$I_\mathrm{A} = \frac{I_\mathrm{gen}(U_\mathrm{II}) + M_n(U_\mathrm{II})\,\alpha_{npn}\,I_\mathrm{G}}{1 - M_p(U_\mathrm{II})\,\alpha_{pnp} - M_n(U_\mathrm{II})\,\alpha_{npn}}. \tag{18.5}$$

Der auf der rechten Seite von (18.5) verbliebene Verstärkungsfaktor α_{npn} hängt außerordentlich stark vom Strom I_III durch den Übergang III ab. Das kommt daher, daß der Übergang III als Lochemitter ausgebildet ist (Abb. 16.18). Der Strom fließt dann bei schwachen Belastungen überwiegend durch die sperrfrei kontaktierten Löcher, und zwar als Defektelektronenstrom. Der Emitterwirkungsgrad des Übergangs III

$$\gamma_\mathrm{III} = \frac{I_{\mathrm{III}n}}{I_\mathrm{III}} \tag{18.6}$$

ist also bei niedrigen I_III-Werten klein. Bei großen I_III-Werten stellen aber die Löcher für den exponentiell klein gewordenen Diodenwiderstand praktisch kei-

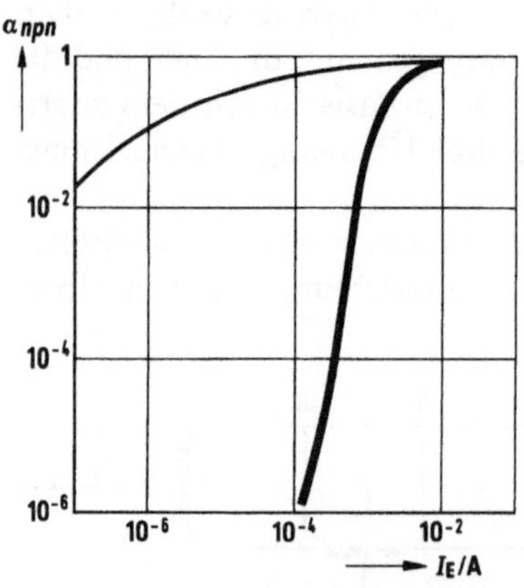

Abb. 18.2. Abhängigkeit des Stromverstärkungsfaktors α_{npn} vom Emitterstrom I_E

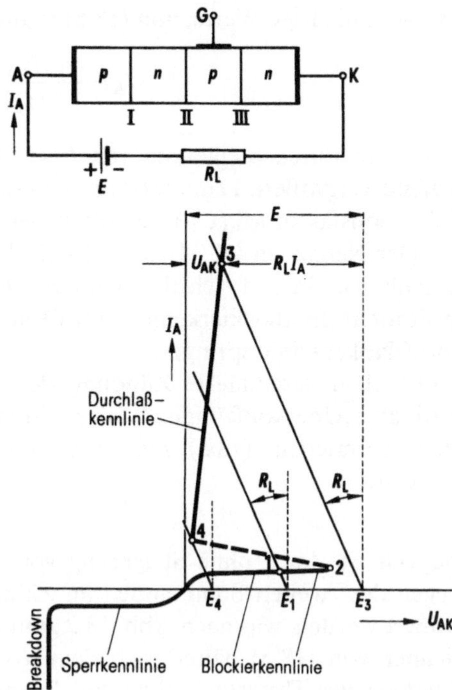

Abb. 18.3. Thyristorschaltung und Thyristorkennlinie. Ermittlung des jeweiligen Arbeitspunktes 1 bis 4 mit Hilfe der „Widerstandsgeraden $E_i R_L$" (i = 1, 2, 3, 4)

nen Nebenschluß mehr dar (Abb. 16.19). Der Strom I_{III} wird jetzt fast ausschließlich von nach links emittierten Elektronen getragen, und der Emitterwirkungsgrad wird mit großer Annäherung gleich 1.

Das hat entsprechende Auswirkungen auf den Verstärkungsfaktor

$$\alpha_{npn} = \beta_{npn} \gamma_{III}. \tag{18.7}$$

Als Beispiel zeigt Abb. 18.2 Meßwerte des Verstärkungsfaktors α_{npn} einer Struktur, deren n-Emitter mit einem Lochmuster geeigneter Dimensionierung versehen ist. Man sieht, daß α_{npn} tatsächlich von 10^{-6} auf 1 steigt, wenn der Emitterstrom I_{III} um knapp zwei Zehnerpotenzen wächst.

Im folgenden (Abb. 18.3) behandeln wir zunächst die Zündung eines Thyristors bei fehlendem Steuerstrom

$$I_G = 0. \tag{18.8}$$

Es ist dann

$$I_A = I_I = I_{II} = I_{III} = I_K. \tag{18.9}$$

Bei der in Abb. 18.1 gezeigten Polung wird nur der mittlere Übergang II in Sperrichtung beansprucht; deshalb ist einerseits

$$U = U_I + U_{II} + U_{III} \approx U_{II}, \tag{18.10}$$

andererseits hat der Strom $I = I_A = I_K$ so niedrige Werte, wie sie die Blockierkennlinie in Abb. 18.3 zeigt. Der Verstärkungsfaktor α_{npn} hat dann nach Abb.

18.2 sehr niedrige Werte, und (18.5) reduziert sich auf

$$I_{\mathrm{A}} = \frac{I_{\mathrm{gen}}(U_{\mathrm{II}})}{1 - M_p(U_{\mathrm{II}})\,\alpha_{pnp}}. \qquad (18.11)$$

Jetzt wird durch Steigerung von E (Abb. 18.3) die Thyristorspannung $U = U_{\mathrm{II}}$ laufend vergrößert. Dann setzt am Übergang II Stoßionisation ein, und der Multiplikationsfaktor $M_p(U_{\mathrm{II}})$ verläßt seinen anfänglichen Wert 1 und steigt rapide an. Der Nenner in (18.11) nähert sich dem Wert Null, und es erfolgt Zündung. In Abb. 18.3 äußert sich das dadurch, daß die Widerstandsgerade in Abb. 18.3 nicht mehr die Blockierkennlinie trifft und der Arbeitspunkt auf den Punkt 3 der Durchlaßkennlinie springt.

Die eben geschilderte Zündung des Thyristors durch Spannungssteigerung wird als „Überkopfzünden" oder „Breakover" bezeichnet und in der Praxis meist vermieden. (18.5) zeigt aber, daß das Zünden auch mit wachsendem Steuerstrom

$$I_{\mathrm{G}} > 0 \qquad (18.12)$$

möglich ist. Auch ohne Steigerung von E bzw. der Thyristorspannung U kann wegen des zweiten Summanden im Zähler von (18.5) der Anodenstrom I_{A} vergrößert werden, was nach Abb. 18.2 zum abrupten Ansteigen von α_{npn} führt. Der Nenner von (18.5) nähert sich dem Wert Null, und das führt schließlich zur Zündung des Thyristors, ohne daß E bzw. U erhöht worden wäre. In Abb. 18.4 zeigt sich das dadurch, daß für die Steuerstromwerte $0 < I_{\mathrm{G}1} < I_{\mathrm{G}2} < \ldots$ Blockierkennlinien mit immer niedrigeren Breakover-Punkten 2,0; 2,1; 2,2; $\ldots$ gelten.

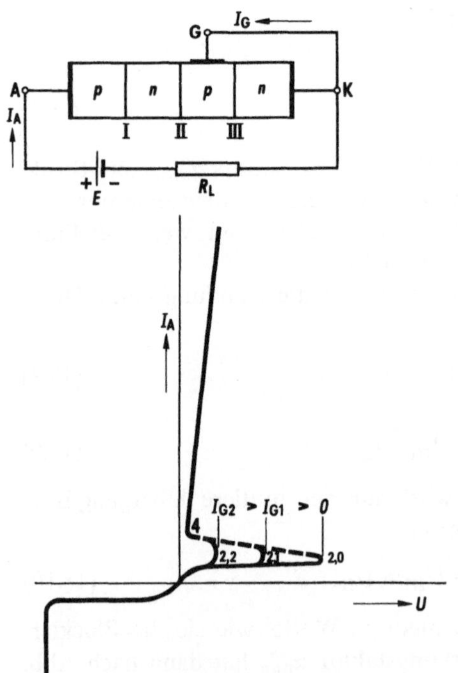

Abb. 18.4. Verschiebung des Breakover-Punktes 2 durch Steigerung des Zündstroms I_G

Vom Arbeitspunkt 3 aus (siehe Abb. 18.3) kann durch Verminderung der elektromotorischen Kraft des Lastkreises die Kennlinie des gezündeten Thyristors nach unten durchfahren werden. Das geht bis zu einem Haltepunkt 4, unterhalb dessen die Voraussetzung für diesen Kennlinienteil nicht mehr gegeben ist, nämlich die Überschwemmung der beiden Basisgebiete. Das wird häufig auch so ausgedrückt, daß „die Junction II nicht mehr in Durchlaßrichtung gepolt ist, sondern wieder Sperrspannung aufnimmt".

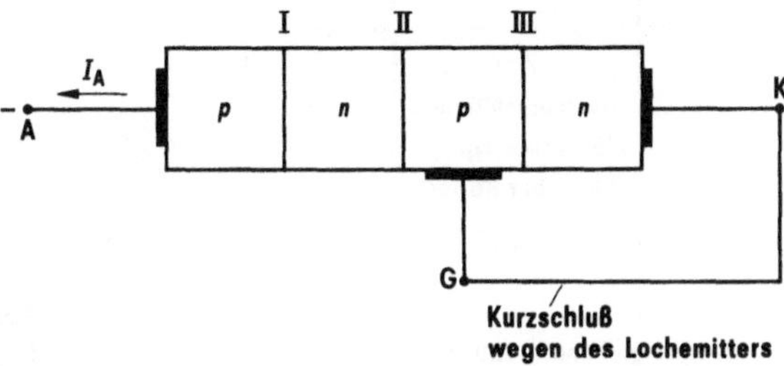

Abb. 18.5. Thyristorstruktur in Sperrichtung gepolt

Wir müssen uns jetzt noch mit der Sperrkennlinie des Thyristors befassen, also mit Zuständen, in denen die Anode gegenüber der Kathode nicht mehr positiv, sondern negativ vorgespannt ist (Abb. 18.5). Wir hatten auf S. 115 mit diesem Fall begonnen und darauf hingewiesen, daß dann wegen des Lochemitters die gesamte Spannung am Übergang I liegt.

Rechnen wir den Strom I_A und die Spannung $U = U_I + U_{II} + U_{III} \approx U_I$ jetzt in Sperrichtung positiv, so gilt analog zu (18.4)

$$I_A = I_{gen}(U_I) + M_p(U_I)\, \alpha_{pnp}(U_I)\, I_A. \tag{18.13}$$

Jetzt fungiert aber der Übergang I als Collector, und U_I ist die von diesem Übergang aufgenommene Spannung. Auflösung nach I_A ergibt

$$I_A = \frac{I_{gen}(U_I)}{1 - M_p(U_I)\, \alpha_{pnp}(U_I)}. \tag{18.14}$$

Diese Gleichung ist nicht nur äußerlich mit (18.11) identisch. Die Thyristorstrukturen werden nämlich dadurch hergestellt, daß in eine Siliziumscheibe aus n-Material von vielleicht 100 Ω cm gleichzeitig von beiden Seiten her Akzeptoren hineindiffundiert werden, meist wohl in Gallium- und Aluminiumdiffusionen. Die Übergänge I und II zeigen also den gleichen Dotierungsverlauf, nur in entgegengesetzter Richtung (Abb. 18.6). Die funktionalen Abhängigkeiten $M_p(U)$ und $\alpha_{pnp}(U)$ sind infolgedessen auch in beiden Übergängen gleich, und daher muß die aus (18.11) zu entnehmende „Blockier- oder Breakover-Spannung U_{II}" gleich der „Sperrspannung U_I" sein, die aus (18.14) folgt.

Für diese Gleichheit ist also sowohl in Sperr- wie in Blockierrichtung der Lochemitter verantwortlich. In Sperrichtung verhindern die Kurzschlüsse das Auftreten einer Sperrspannung am Übergang III. In Blockierrichtung rufen die Kurzschlüsse die extreme Abhängigkeit des Verstärkungsfaktors α_{npn} vom Emitterstrom I_{III} hervor (Abb. 18.2). Dadurch wird verhindert, daß im Nenner der

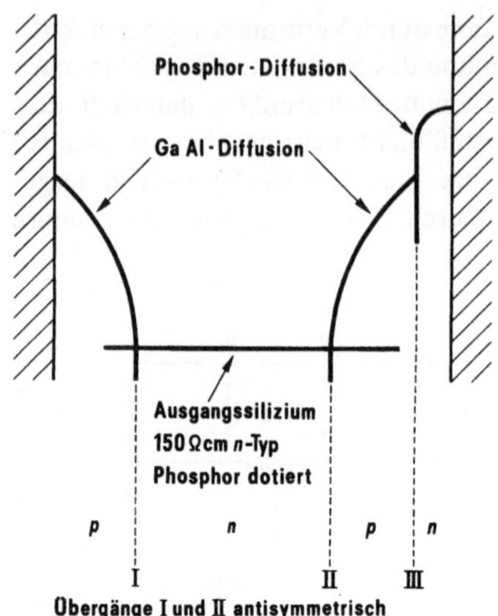

Abb. 18.6. Dotierungsverläufe in einer Thyristorstruktur

rechten Seite von (18.5) der dritte Term diesen Nenner zu früh Null werden läßt und dadurch die Blockierspannung zu niedrig macht. Das wäre bei den Wechselstromanwendungen der Thyristoren unerwünscht. Der Lochemitter hat also auch für die stationäre Kennlinie seine Vorteile und nicht nur für das in Abschn. 16 besprochene (dU/dt)-Problem.

Wie die Sperrfähigkeit – wenigstens im Prinzip – zu ermitteln ist [6], soll nun dargelegt werden. Der Steilanstieg des Sperrstroms wird erfolgen, wenn der Nenner in (18.14) verschwindet, also für

$$M_p(U_\mathrm{I})\,\alpha_{pnp}(U_\mathrm{I}) = 1 \qquad (18.15)$$

oder mit (17.7)

$$\frac{1}{M_p(U_\mathrm{I})} = 1 - \left(\frac{U_\mathrm{I}}{U_b}\right)^{n_p} = \alpha_{pnp}(U_\mathrm{I}). \qquad (18.16)$$

Die bisher nicht betonte Abhängigkeit des Verstärkungsfaktors α_{pnp} von der Sperrspannung U_I kommt folgendermaßen zustande. Bei der jetzigen Polung wirkt der Übergang II als Emitter, der Defektelektronen nach links zum Collector I emittiert. Die Strecke, die die Defektelektronen dabei in der n-Basis durch Diffusion zu überwinden haben, ist aber nicht gleich der Basisdicke W. Die Raumladungszone schiebt sich nämlich vom Übergang I aus mit steigendem U_I immer weiter nach rechts in die n-Basis hinein, so daß für den Transportfaktor β in α_{pnp} nur eine effektive Basisdicke

$$W_\mathrm{eff} = W - l(U_\mathrm{I}) \qquad (18.17)$$

maßgebend wird (Abb. 18.7). Wenn wir zur Ermittlung der Sperrspannung U_I gemäß (18.16) in den Abb. 18.7 und 18.8 den Verstärkungsfaktor $\alpha_{pnp}(U_\mathrm{I})$ gegenüber U_I auftragen, ergibt das also im Intervall

$$0 < U_\mathrm{I} < U_\mathrm{Punchthrough} = U_{pt} \qquad (18.18)$$

---

[6] Herlet, A.: Solid-State Electr. 8 (1965) 655 – 671

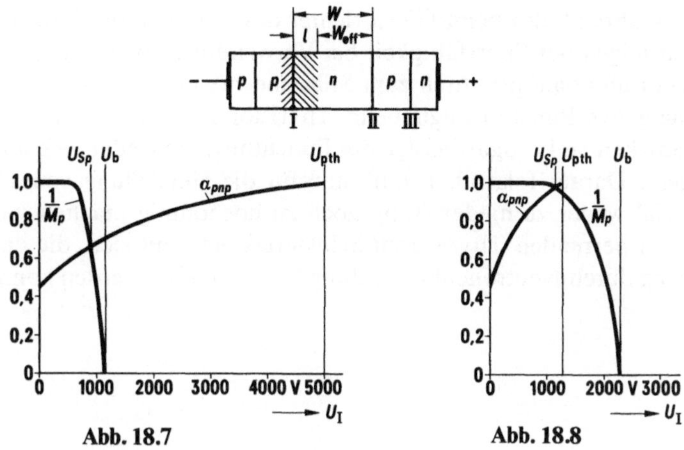

Abb. 18.7. Bestimmung der Sperrfähigkeit [$\varrho_n = 20\ \Omega\,\mathrm{cm}$]

Abb. 18.8. Bestimmung der Sperrfähigkeit [$\varrho_n = 80\ \Omega\mathrm{m}$]

eine monoton ansteigende Kurve. Der reziproke Multiplikationsfaktor $1/M_p$ hat nach (17.7) bei $U_\mathrm{I} = 0$ den Wert 1 und bei $U_\mathrm{I} = U_\mathrm{Breakdown}$ den Wert 0 und fällt zwischen diesen beiden Werten monoton. Der Schnittpunkt beider Kurven liefert nach (18.16) die Sperrfähigkeit U_{Sp}.

In Abb. 18.7 und 18.8 sind zwei typische Fälle herausgegriffen. Im niederohmigen Material ($\varrho_n = 20\ \Omega$ cm) ergibt sich ein Wert dicht unter $U_\mathrm{Breakdown}$. Die Punchthrough-Spannung liegt weit draußen bei 5000 V und erweckt somit die Hoffnung, daß mit einem höheren Widerstandswert viel höhere Sperrfähigkeiten erzielt werden könnten. Abbildung 18.8 mit $\varrho_n = 80\ \Omega$ cm bei den gleichen W- und L_p-Werten [7] zeigt, daß zwar tatsächlich die Breakdown-Spannung um einen Faktor von etwa 2,3 größer geworden ist. Aber die Punchthrough-Spannung ist gegenüber der Abb. 18.7 drastisch gesunken, und jetzt verhindert *sie* die volle Ausnützung der Breakdown-Spannung 2300 V. Beim höherohmigen Material sind eben die Raumladungsdicken viel größer geworden, und bei Überschreitung der Sperrfähigkeit würde bereits punchthrough einsetzen.

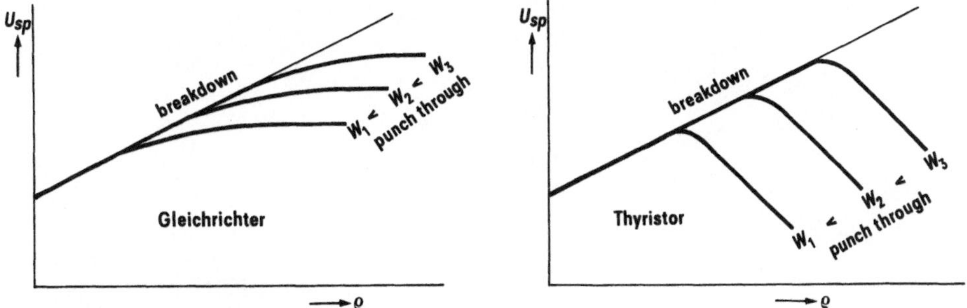

Abb. 18.9. Sperrfähigkeit von Gleichrichter- bzw. Thyristorstrukturen $\varrho =$ spez. Widerstand der s_n-Basis; $W =$ Dicke der s_n-Basis

---

[7] L_p ist die Diffusionslänge der Defektelektronen in der n-Basis. Sie bestimmt zusammen mit W_eff die Werte von α_{pnp} in den Abb. 18.7 und 18.8.

Während also beim Gleichrichter das Eintreten des Punchthrough das weitere
Ansteigen der Sperrfähigkeit bei Verwendung höherohmigen Materials verlang-
samt und bald praktisch zum Stillstand bringt (Abb. 8.4), wirkt sich die Erscheinung des Punchthrough beim Thyristor noch viel schlimmer aus. Die Sperrfähigkeit sinkt sogar infolge des Punchthrough wieder, wie aus Abb. 18.9 hervor-
geht. Daraus folgt aber, daß man für die Herstellung von Thyristoren das Material weder zu niederohmig noch zu hochohmig machen darf. Das brachte bei
hochsperrenden Thyristoren Schwierigkeiten mit sich, die erst durch die Dotierung durch Neutronenbestrahlung [8] überwunden werden konnten.

----

[8] Schnöller, M. S.: IEEE Trans. Electr. Devices ED-21 (1974) 313

Sachverzeichnis

Über diese Basisbände hinaus sind weitere Einzelbände erschienen bzw. vorgesehen, die den technisch wichtigen Halbleiterbauelementen gewidmet sind. Alle diese von Spezialisten verfaßten Bände sind so aufgebaut, daß sie bei entsprechenden Vorkenntnissen auch einzeln verwendet werden können.

Nachstehendes Schema gibt einen Überblick über die Konzeption der Buchreihe. Wir hoffen, mit diesem „Baukastenprinzip" der auch heute noch fortschreitenden Entwicklung am ehesten gerecht werden zu können und so den Lesern ein für Studium und Berufsarbeit brauchbares Instrument in die Hand zu geben.

Einführung	1 Grundlagen der Halbleiter-Elektronik	2 Bauelemente der Halbleiter-Elektronik
Vertiefung	3 Bänderstruktur und Stromtransport	5 pn-Übergänge
Technologie	4 Halbleiter-Technologie	
Einzelhalbleiter	6 Bipolare Transistoren	7 Feldeffekttransistoren
	8 Signalverarbeitende Dioden	9 Aktive Mikrowellendioden
	10 Optoelektronik I: Lumineszenz- und Laserdioden	11 Optoelektronik II: Fotodioden und Solarzellen
	12 Thyristoren	
Integrierte Schaltungen	13 Integrierte Bipolarschaltungen	14 Integrierte MOS-Schaltungen
Sonderthemen	15 Rauschen	

Springer-Verlag Berlin Heidelberg New York